Helmut Müller

Einführung des Themas 'Steuern mit dem Computer' im Technikunterricht an einer Hauptschule

GRIN Verlag

Bibliografische Information der Deutschen Nationalbibliothek:

Die Deutsche Bibliothek verzeichnet diese Publikation in der Deutschen Nationalbibliografie; detaillierte bibliografische Daten sind im Internet über http://dnb.d-nb.de/ abrufbar.

Impressum:

Druck und Bindung: Books on Demand GmbH, Norderstedt Germany
ISBN: 978-3-640-90325-2

Konzept zur Einführung des Themas „Steuern mit dem Computer" im Technikunterricht an einer Hauptschule

Schriftliche Hausarbeit
im Rahmen der Zweiten Staatsprüfung
für das Lehramt
an Grund- Haupt- und Realschulen
am Studienseminar Siegburg

vorgelegt von:
Helmut Müller

Overath, den 10.04.2005
Überarbeitung vom 09.05.2011

Inhalt

1 Summary

Es soll, zunächst für den Wahlpflichtunterricht (WPU) eine Unterrichtsreihe „Steuerung mit dem Computer“ für den Technikunterricht an der GHS Overath eingeführt werden, in welcher am Beispiel einer PC-Steuerung der Aufbau von computergesteuerten Systemen vermittelt wird.

Hierbei sind **fachlich-inhaltlich** folgende Bereiche Gegenstand:

- Aufbau des Funktionsmodells einer Ampel als zu steuernde Einheit aus einfachen Teilen: Eine Konstruktionsaufgabe
- Verkabelung der Anschlüsse zwischen Computer-Interface und zu steuernder Einheit: Eine Fertigungsaufgabe aus dem Bereich Elektrotechnik-Steuerungstechnik
- Programmierung eines Computers zur Ampelsteuerung mittels einer einfachen symbolischen Programmierung: Eine Konstruktionsaufgabe
- Realisierung von verschiedenen kleineren Steuerungsprojekten wie Lichtanlagen, Alarmanlage, Motorsteuerung mit dem Computer: Konstruktionsaufgaben

Im Hinblick auf **Methoden- und Sozialkompetenzen** stehen folgende Bereiche im Vordergrund:

- Förderung eigenverantwortlichen Arbeitens und der Kreativität
- Erlernen von projektorientiertem und konzeptionellem Vorgehen
- Stärkung sozialer Kompetenzen durch Teamarbeit

Um die genannten Ziele in der Umgebung einer Hauptschule umsetzen zu können, sollen geeignete Unterrichtsmethoden zur Anwendung kommen. Im vorliegenden Fall wurde ein zweigeteilter Ansatz mit in weiten Teilen projektorientierten und anderen Teilen leittextgestützten Methoden gewählt.

- Im **projektorientierten Teil** können die Schüler[1] die notwendigen Aufgaben großenteils in arbeitsteiliger Gruppenarbeit durchführen. Hierdurch können die stark unterschiedlichen Neigungen und Fähigkeiten der Schüler berücksichtigt werden.
- Im **lehrgangsorientierten und leittextgestützten Teil** wird die besondere Herausforderung „Umsetzung der Programmierung“ bewältigt. Hier wird auf ein einfach und intuitiv zu bedienendes System zurückgegriffen. Die notwendigen Kenntnisse werden in Lehrgangsform vermittelt. Hier kommt aber auch, um dem großen Differenzierungsbedarf Rechnung zu tragen, selbständiges Lernen mit der Leittextmethode zur Anwendung.

Ziel dieser Hausarbeit ist die Erstellung einer Konzeption sowie die Erprobung der Machbarkeit im Rahmen einer WPU-Gruppe, welche zum Zeitpunkt der Arbeit (Schuljahr 2004/2005) mit den o.g. Unterrichtsinhalten besteht. Eine Evaluation im Rahmen dieser Hausarbeit zeigt die Stärken und Schwächen des Konzeptes und Verbesserungsvorschläge für die weitere Umsetzung. Außerdem ist die Reihenplanung für eine Unterrichtsreihe zu diesem Thema im regulären Technikunterricht der Klasse 9 enthalten.

[1] Wenn hier von Schülern die Rede ist, sind selbstverständlich immer Schülerinnen und Schüler gemeint!

2 Analyse der Ausgangssituation

2.1 Herausforderung Computer im Technikunterricht – Motivation für das Thema

Unsere moderne Umwelt ist heute nicht mehr ohne die Steuerungstechnik mit Hilfe des Computers denkbar. In technischen Anlagen der Industrie oder des Handwerks steuern Rechner Produktionsprozesse und Bearbeitungsmaschinen. Im Haushalt sind viele Dinge unseres technischen Lebens bereits eng mit dem Computer verquickt. So werden zum Beispiel moderne Haushaltsgeräte wie Wasch- und Spülmaschinen nicht mehr von mechanischen Schaltwalzen, sondern von Computern gesteuert. In der Verkehrsleittechnik hat der Computer längst Einzug gehalten. Ampelanlagen werden in Städten inzwischen über eine zentrale Leitstelle von Rechnern gesteuert. Hiermit kann verkehrs- und umweltbedingt auf viele Einflüsse reagiert werden. In den Fahrzeugen wird durch den Computer in Form von Mikrocontrollern bereits die komplette Motorsteuerung, aber auch die Sicherheitstechnik und der Komfort geregelt. Selbst neue Entwicklungen wie Navigations- und Abstandswarnsysteme sind dank Computereinsatz inzwischen für „Otto-Normalverbraucher“ erschwinglich.

Auch in der Lebenswelt unserer Schüler hat der Computer einen festen Platz mit hohem Stellenwert eingenommen, dies sowohl im negativen wie im positiven Sinne. Sie verbringen einen großen Teil ihrer Freizeit mit diversen Medien, welche eine große Menge an Computertechnik beinhalten. Das Wissen um diese Technik, welches Bedienung und Anwendung für die eigenen Zwecke betrifft, ist in den meisten Fällen hoch. Dies erschließt sich meist intuitiv. Es fehlt jedoch oft ein Verständnis dafür, wie die Geräte intern aufgebaut sind, welche Vorgänge dafür sorgen, dass zum Beispiel ein Fahrradcomputer die Geschwindigkeit messen kann oder dass das Objektiv einer Digitalkamera aus- und einfahren kann oder auch, wie der eigene Spiele- PC intern aufgebaut ist. Aus der heutigen Berufswelt ist der Computer nicht mehr wegzudenken. Selbst für Schüler und Schülerinnen, welche nach dem Besuch der Hauptschule eher in handwerkliche oder Dienstleistungsberufe gehen werden, sind hier Kenntnisse unerlässlich.

Hier soll das Konzept ansetzen, den Computer in lebensnahen Anwendungen und mit einer für die Schüler überschaubaren Komplexität zu erfahren. Eine große Rolle spielt natürlich der Aspekt der Motivation oder sogar Faszination der Schüler durch das Medium Computer.

Nicht zuletzt hat bei der Wahl des Themas eine Rolle gespielt, dass ich, bedingt durch meinen eigenen Berufsweg als ausgebildeter Diplomingenieur, Computersteuerungen entwickelt habe und einen kleinen Teil meiner Kenntnisse und Erfahrungen gerne an die Jugendlichen weitergeben möchte. Klar ist, dass hier eine erhebliche Reduzierung auf die für das Lebensumfeld und den späteren Beruf der Schüler notwendigen Inhalte erfolgen muss.

Die Wahl auf eine WPU-Gruppe (Wahlpflichtgruppe) ist gefallen, da das Thema erhöhte Anforderungen an die Bereitschaft zum Lernen in technischen und komplexeren Zusammenhängen stellt. Dies ist sicherlich leichter in einer WPU-Gruppe umsetzbar, da hier die Teilnehmer den Kurs selber wählen.

2.2 Ziel des Vorhabens

Ziel des Vorhabens ist es, mit Hilfe einer Pilotgruppe WPU das Thema „Steuerungen mit dem Computer“ an unserer Hauptschule einzuführen. Die Pilotgruppe soll dabei erste Erfahrungen mit der Umsetzung des Themas sammeln. Diese Erfahrungen werden in einer Evaluation erhoben. Das daraus gewonnene Verbesserungspotenzial soll in die Einführung im Regelbetrieb einfließen. Der WPU-Kurs wird ggf. im kommenden Schuljahr weitergeführt. Vor allem aber soll das Thema in Form einer Unterrichtsreihe im verpflichtenden Technikunterricht der Klasse 9 aufgenommen werden und damit die bisherigen Reihen „Wir steuern mit dem Relais – Vom Handschalter zur Blinkschaltung“ sowie „Wir entwickeln und erproben Ampelprogramme“ ergänzen.

Diese Hausarbeit beschreibt das Vorhaben der Umsetzung in der Pilotgruppe WPU sowie die Evaluation und deren Ergebnisse. Außerdem ist die Planung einer Unterrichtsreihe für das Fach Technik in der Klasse 9 beschrieben.

Das Fachgebiet Computer und dazu noch die technische Anwendung von Computern legen zwei Themenbereiche nahe, welche in dieser Hausarbeit nicht explizit behandelt werden.

- Die Suchtproblematik von Jugendlichen bei der Auseinandersetzung mit den Computern. Dies ist ein sehr ernstzunehmendes Thema, welches im Unterricht an geeigneter Stelle immer wieder eingeflochten wird, welches jedoch in dieser Ausarbeitung ausgespart wird, um den Rahmen nicht zu sprengen.
- Ebenso könnte die Frage nach der gezielten Förderung von Mädchen im Bereich der technischen Computeranwendung eine große Rolle spielen. Dies habe wurde ebenfalls aus dem o.g. Grund in dieser Ausarbeitung nicht näher behandelt. Es sollte aber zu einem späteren Zeitpunkt im Rahmen der WPU-Gruppe unbedingt thematisiert werden.

2.3 Sachstruktur

Nachfolgend ist eine Sachstruktur des Vorhabens auf einer Überblickebene dargestellt. Sie zeigt die Komplexität, welche in dem Gesamtvorhaben steckt. Hier muss erheblich reduziert werden, damit das Vorhaben im Bereich der Hauptschule umsetzbar wird.

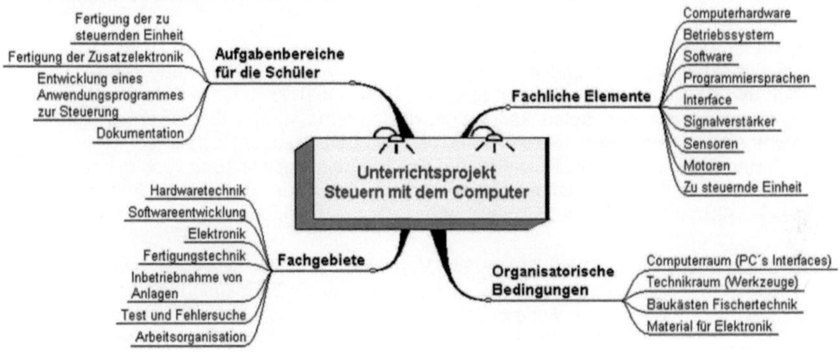

2.4 Legitimation durch Richtlinien, Lehrpläne und Fachdidaktik

2.4.1 Richtlinien und Lehrplanbezug

Schon beim Studium der ersten Abschnitte der Richtlinien für das Fach Technik an der Hauptschule wird deutlich, dass sich durch das Thema eine Menge Chancen ergeben, die dort erhobenen Prinzipien des Lehrens und Lernens umzusetzen[2].

Hier seien einige Aspekte herausgestellt, die dies belegen und die in der Umsetzung des projektorientierten Vorhabens „Steuerungen mit dem Computer" eine große Rolle spielen.

Erfahrungsorientierung: *„..Viele Kenntnisse und Einsichten werden über Medien vermittelt, die sich – wie die Informations- und Kommunikationstechnologien – in einer raschen Entwicklung befinden. Schülerinnen und Schüler sollen befähigt werden, die Medien und die durch sie vermittelten Informationen und Meinungen kritisch zu analysieren und zur eigenen Information und Gestaltung zu nutzen".*

Handlungsorientierung:*„...Die Schule muss insbesondere dort handlungsorientierte Lehr- und Lernverfahren ausbauen, wo diese das Verstehen komplexer Probleme erleichtern und stützen". ... „Handlungsorientierung ist auch ein wesentliches Element des projektorientierten Unterrichts"*

Gegenwarts- und Zukunftsorientierung *„... Die Auswahl* (der Themen) *soll so getroffen werden, dass für die Kinder und Jugendlichen die in der Schule gewonnenen Erfahrungen, Kenntnisse und Fähigkeiten auch schon in der unmittelbaren Gegenwart Bedeutung erhalten..."*

Der Lehrplan für das Fach Technik bietet hier sogar ausgearbeitete Empfehlungen für die Arbeit in den Jahrgangsstufen 9 und 10 in den Bereichen „Transport und Verkehr" sowie „Information und Kommunikation". Die dort ausgewiesenen Qualifikationen in Form von fachlichen und fachübergreifenden Zielen[3] können mit einigen Anpassungen für die vorliegende WPU-Gruppe Anwendung finden. Die dort vorgesehenen Lösungen für Rechnertechnik und Interface-System sind natürlich mit Rücksicht auf das Erscheinungsjahr 1989 veraltet und werden durch aktuelle Komponenten ersetzt. Hierzu wie auch zu den Zielen mehr in den nachfolgenden Abschnitten. (Siehe „3.2 Beschaffung der notwendigen Hardware und Software")

Als Unterrichtsmethode für die Durchführung des Vorhabens empfiehlt sich nach dem Lehrplan die Projektform[4]. Sie ist immer da angebracht, wo *„es um die Erarbeitung von komplexen, praxisbezogenen Aufgabenstellungen geht."* Da die WPU-Gruppe über ein komplettes Schuljahr läuft, werden neben dem Projekt „Ampelsteuerung" auch Lehrgänge eingeschoben, wenn es zum Beispiel um die Vermittlung von Kenntnissen in der Programmierung der Computer oder dem grundlegenden Aufbau einer Computerschnittstelle geht.

2.4.2 Bezug zum Standortplan

Der Standortplan unserer Schule sieht heute das Thema „Ampelsteuerungen" im Technikunterricht sowie im WPU Unterricht der neunten Jahrgangsstufe vor. Bisher wurde hier für die technische Umsetzung ein Verfahren mittels selbst konstruierter mechanischer Schaltwalze verwendet. Hier ist sicher eine Erweiterung um die heute in der Technik gängigen Steuerungsverfahren sinnvoll. Dies bringt allerdings ein höheres Maß an Komplexität mit sich. Dem wird Rechnung getragen, indem das Vorhaben zunächst in einer WPU-Gruppe mit einer einjährigen Laufzeit erprobt wird. Bestimmte Elemente hieraus werden dann bei Erfolg auch in den regulären Technikunterricht der Klassen 9/10 übernommen.

---

[2] Vgl. Kultusminister NRW: Richtlinien Technik, Lernbereich Arbeitslehre – Hauptschule. Düsseldorf 1989 S.15-18

[3] Vgl. Kultusminister NRW: Richtlinien Technik, Lernbereich Arbeitslehre – Hauptschule. Düsseldorf 1989 S.133 ff

[4] Vgl. Kultusminister NRW: Richtlinien Technik, Lernbereich Arbeitslehre – Hauptschule. Düsseldorf 1989 S.66

2.4.3 Was sagt die Fachliteratur?

In der Fachliteratur finden sich Vorschläge für die Umsetzung des Themas „Steuern mit dem PC“. Schmayl und Wilkening machen in ihrem Standardwerk einige Vorschläge für Anwendungen mit verschiedenen Schwierigkeitsgraden, welche dort auch als Unterrichtsmodelle ausgearbeitet sind[5]. Diese reichen von sehr einfachen Anwendungen wie dem Ansteuern einer einzelnen Reihe von Anzeige-LED´s, über Sieben-Segment-Anzeigen und Ampelanlagen bis hin zu einem Pneumatik-Roboter.

Auch hier gilt wie für die Lehrpläne, dass die vorgeschlagenen Lernziele und Unterrichtsformen sowie Unterrichtsmethoden weitgehend zur Anwendung kommen können. Hinsichtlich der Technik hat sich jedoch in den letzten Jahren nochmals ein signifikanter Innovationsschritt getan, so dass hier andere Programmiersprachen und andere Elektronik zum Einsatz kommen kann. Vorteil der jetzt aktuellen Systeme ist eine höhere Fehlertoleranz sowie eine eher intuitive Bedienung der Entwicklungssysteme, was gerade im Umfeld der Hauptschule von großem Vorteil ist.

2.5 Aspekte der Motivation für die Schülerinnen und Schüler

Fast jeder Schüler hat in der Klasse 9 einen Computer zu Hause oder hat zumindest schon umfangreich hiermit „Games“ erprobt. Wichtig ist hierbei, auch andere Anwendungen als die bekannten kennen zu lernen und zu wissen, wie diese funktionieren. Darüber hinaus ist sicher auch der Aspekt Faszination des Mediums im positiven Sinne zu sehen. Es ist in der Regel kein Problem, Schüler für ein fachliches Thema zu begeistern, wenn die Aufgabe handlungsorientiert ist und in Verbindung mit der Nutzung des Computers steht. Noch spannender wird es, wenn selber am Computer „geschraubt“ werden darf. Dies ist auch im Rahmen der Wartung der Informatikräume gemeinsam mit Schülern immer wieder aufgefallen.

2.6 Rahmenbedingungen

Für die Arbeit mit technischen Systemen wird ein Technikraum mit den notwendigen Werkzeugen und einer passenden Arbeitsumgebung benötigt, welche den Sicherheitsanforderungen entsprechen muss. Dies ist an unserer Schule vorhanden. Die Ausrüstung ist nicht mehr neu, jedoch fachlich auf einem hohen Qualitätsstandard. Für die Arbeit mit Computern werden Computer benötigt, vorzugsweise zeitgemäße Rechner mit einer aktuellen Betriebssystemversion. Diese sind ebenfalls an unserer Schule vorhanden, jedoch zwei Stockwerke höher als der Technikraum.

Durch diese Randbedingungen ergab sich die Notwendigkeit, die Arbeitsphasen so aufzuteilen, dass die vollständige Gruppe entweder im Technikraum oder im Computerraum arbeitet. Eine Aufteilung der Gruppe wäre aus Aufsichtsgründen nicht möglich.

Dieses Problem wurde gelöst, indem für die erste vorwiegend technisch orientierte Projektphase (im ersten Halbjahr) der Technikraum und für die vorwiegend computerorientierten Arbeitsphasen (im zweiten Halbjahr) der Computerraum genutzt wurde. Hierdurch bedingt musste allerdings der Technikraum um 2 Computerarbeitsplätze erweitert werden, welche im Rahmen einer Modernisierung der Schulcomputer beschafft werden konnten. Hierfür waren kleinere Umbauarbeiten im Technikraum notwendig. Die Verfügbarkeit der beiden Computer hat sich jedoch nicht nur im Rahmen der WPU-Gruppe, sondern auch im sonstigen Technikunterricht schon positiv ausgewirkt.

2.7 Finanzielle Herausforderung

Für die computerorientierte Arbeitsphase im zweiten Halbjahr war in jedem Fall mindestens ein Computerinterface für eine Arbeitsgruppe notwendig. Außerdem wurde eine schülergerechte Entwicklungsumgebung für die Programmierung benötigt. Diese Anschaffung musste frühzeitig im Haushaltsbudget der Schule beantragt und argumentativ unterstützt werden. Da

[5] Vgl. Schmayl/Wilkening: Unterrichtsmodelle – Technikunterricht, Bad Heilbrunn (Klinkhardt) 1995 S.224ff.

dies gelang, konnten (mit einer weiteren kleinen Unterstützung des Fördervereins) zum Projektbeginn 10 neue Interfaces der Firma Fischertechnik sowie die komplett neu entwickelte Software RoboPro bestellt werden. Hierdurch war die WPU-Gruppe für das Vorhaben hinreichend mit der notwendigen Technik ausgestattet. Kleinmaterial wie Leitungen, Lampen etc. wurden aus dem laufenden Technik-Etat beschafft.

2.8 Besondere Probleme des Vorhabens an der Hauptschule

Wer schon einmal versucht hat, ein komplexes Thema im Unterricht an einer Hauptschule umzusetzen, kennt sicher die Grenzen, welche sich auftun, wenn das Vorhaben nicht der Schulform angepasst umgesetzt wird. Bei einer kurzen Recherche im Internet, in den Angeboten von Fortbildungsforen für Lehrer findet sich inzwischen eine große Zahl von Beiträgen zur Anwendung von Computersteuerungen im Informatikunterricht. Hier ist als Beispiel das Projekt Roberta[6] des Fraunhofer Instituts zu nennen. Es hat zum Ziel, das Interesse für Computer- und Robotertechnik vor allem bei Mädchen und jungen Frauen zu wecken und zu fördern. Aber: Dieses und auch viele andere Projekte haben stark Gymnasien, Oberstufen und Berufskollegs im Fokus.

Welche Randbedingungen müssen nun beachtet werden, damit auch Hauptschüler adäquat in die Arbeit mit dem Computer als Steuerungsinstrument einbezogen werden können?

Zugang für Hauptschüler schaffen: Hier ist zunächst der Zugang zur Lebenswirklichkeit der Schülerinnen und Schüler zu nennen. Wichtig ist, dass hier handlungsorientierte Ansätze im Vordergrund stehen müssen. Die Theorie objektorientierter Softwareentwicklungsmethoden und allzu hoch gegriffene Ziele wie vielleicht die Entwicklung eines eigenen kompletten Roboters sollen zu Gunsten einer praktischen und vor allem ergebnisorientierten Vorgehensweise zurücktreten. Die Schülerinnen und Schüler kennen „Klick and go" aus der Welt der Handys und Computerspiele. Auf ähnliche Weise kann durch die einfache Bedienung moderner Programmiersysteme und den direkt sichtbaren Erfolg Begeisterung für das Thema geweckt und ein Zugang geschaffen werden. Hierdurch kann eine große Zahl von Inhalten wie Technik der Schnittstellen, Programmierung usw. transportiert werden.

Reduzierung der Inhalte: Was schon für den Zugang zum Thema Computersteuerung gilt, ist für die weitere Umsetzung ebenso verpflichtend. Das Thema an sich bietet eine Vielzahl an Teilgebieten, welche weitaus mehr als ein komplettes Schuljahr ausfüllen könnten. Hier muss eine Reduzierung auf exemplarische Inhalte stattfinden.

Hier wird auf solche Inhalte reduziert, welche nah am Berufsleben im handwerklich-technischen Bereich oder auch am Freizeitbereich orientiert sind. Zum Beispiel wird ein Mechaniker im KFZ Bereich einzelne Baugruppen in der Elektronik eines Motors erkennen und deren Funktion prüfen müssen. Er wird aber die Baugruppe nicht in ihrer internen Wirkungsweise untersuchen oder gar reparieren. In diesem Sinne soll z.B. die Schnittstelle (Interface) zwischen Computer und einer Ampel als festes Modul mit seinen Funktionen, aber ohne tiefere Behandlung der internen Funktion, in den Unterricht einbezogen werden.

Differenzierung ist elementar: In der neunten Jahrgangsstufe, in deren Bereich der Wahlpflichtunterricht fällt, muss eine breite Differenzierungsspanne abgedeckt werden. Zum Wahlpflichtkurs melden sich die Schüler größtenteils nach eigener Interessenlage, manchmal auch nach Interessen von Cliquen oder Freundschaften. Die individuellen Kenntnisse und Kompetenzen sind sehr breit gestreut. Es finden sich in den Gruppen sowohl Schüler aus dem Kreis der „10B Kandidaten" und Wechsler aus der Realschule, als auch Schüler aus dem deutlich unteren Leistungsspektrum, welche voraussichtlich die Hauptschule nach der neunten Klasse verlassen werden. Außerdem finden sich teils bereits aufeinander eingespielte Gruppen (aus einer Klasse), als auch Einzelgänger im WPU Kurs wieder.

Dies alles bringt die Notwendigkeit einer extrem starken Binnendifferenzierung mit sich. Hierauf wurde mit verschiedenen Konsequenzen reagiert (siehe 3.6.1 Faktoren für die Auswahl der Unterrichtsmethoden).

[6] Vgl. Projekt Roberta des Fraunhofer Instituts – Homepage:
http://alex.ais.fraunhofer.de/zeno/web?action=content&rootid=15465 Wissenschaftliche Begleitung durch die Uni-Bremen – Homepage : http://didaktik.physik.uni-bremen.de/niedderer/roberta/

3 Konzept und Umsetzung des Vorhabens

3.1 Planung und Durchführung des Gesamtvorhabens als Projekt

Das komplette Vorhaben „Steuerung mit dem Computer“ wird, wie auch in der freien Wirtschaft üblich, in Form eines Projektes umgesetzt. Gemeint ist hiermit nicht die Unterrichtsform Projekt, sondern die Abwicklung des Gesamtvorhabens als Projekt. Die Umsetzung in Projektform hat, wie die bisherigen Ergebnisse bestätigen, wesentlich dazu beigetragen, Zielerreichung und Termineinhaltung zu gewährleisten und das Vorhaben auch für die beteiligten Kollegen und die Schulleitung transparent zu gestalten.

3.1.1 Projektplan

Der nachfolgende Projektplan zeigt den zeitlichen Ablauf von der Ideenfindung bis zur Einführung in den Regelunterricht.

Nr.		Vorgangsname	Dauer	Anfang
1		**Initiierung/Vorüberlegungen**	**1,5 Monate**	**Sa 01.05.04**
2		Einigung mit der Schulleitung über die Durc	0 Monate	Sa 01.05.04
3		Ideensammlung	0,5 Monate	Mo 03.05.04
4		Finanzierungsplan und Haushaltsanträge	1 Monat	Mo 17.05.04
5		**Planung und Vorbereitung**	**1 Monat**	**Mo 14.06.04**
6		Planung der Inhalte	1 Monat	Mo 14.06.04
7		Beschaffung der notwendigen Systeme	1 Monat	Mo 14.06.04
8		**Umsetzung in der Pilotgruppe WPU**	**11 Monate**	**Di 07.09.04**
9		Auswahl und Start der WPU Kurse	0 Monate	Di 07.09.04
10		Phase 1: Umsetzung Ampelprojekt	5 Monate	Di 07.09.04
11		Lehrgang Programmierung	3 Monate	Di 25.01.05
12		Phase 2: Umsetzung Steuerungsaufgabe	3 Monate	Di 19.04.05
13		Evaluation	2 Monate	Di 25.01.05
14		Dokumentation im Rahmen der Hausarbeit	3 Monate	Di 25.01.05
15		Überarbeitung der Unterrichtsreihen	1,5 Monate	Di 12.07.05
16		Übernahme in den Regelunterricht	0 Monate	Mo 22.08.05

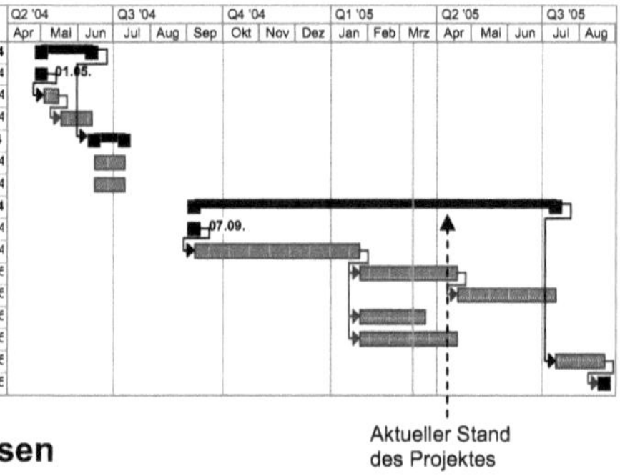

3.1.2 Beschreibung der Projektphasen

Initiierung/Vorüberlegungen

In der Initiierungsphase wurden die Grundlagen für die Umsetzung des Vorhabens gelegt. Hierzu gehörten der Entwurf eines groben Konzeptes sowie die Klärung der Machbarkeit innerhalb unserer Schule. Es mussten hierfür erste Sondierungen der Lehrpläne durchgeführt sowie Gespräche mit der Schulleitung und mit den beteiligten Kollegen und der Fachleitung des Technikbereiches geführt werden. Auch die Vorabklärung der Finanzierung für die zu beschaffende Hardware war hier ein wichtiges Thema. Die Phase schloss mit einem Auftrag für die Umsetzung durch die Schulleitung.

Planung und Vorbereitung

In der Phase der Planung und Vorbereitung mussten die konkreten Terminplanungen für die Durchführung der Pilotgruppe, die Planung der Beschaffung für die Hardwarekomponenten sowie die Planung der organisatorischen Maßnahmen (Technikraum, Computerraum) erstellt und abgestimmt werden. Ein weiterer wichtiger Punkt war hier die Haushaltsplanung und die Beschaffung der Komponenten. Zur Beschaffung (siehe auch „3.2 Beschaffung der notwendigen Hardware und Software“) gehörte auch eine vorgeschaltete Marktanalyse über die derzeit verfügbaren Interfacesysteme für Schulzwecke. Die Phase war vor dem Beginn der Umsetzung in der Pilotgruppe zum Schuljahresstart 2004/2005 abgeschlossen.

Umsetzung in der Pilotgruppe WPU

Diese ist die mit Abstand längste Phase innerhalb des Gesamtprojektes. Sie läuft über das vollständige Schuljahr 2004/2005 und wird damit zum Juli 2005 abgeschlossen sein. Inhalt ist in erster Linie die Umsetzung in der Pilotgruppe mit den unter 3.4 „Inhalte des Unterrichtsvorhabens“ näher dargelegten Themen und Unterrichtsverfahren. Dies wird begleitet von einer **Evaluation**, welche im Rahmen dieser Hausarbeit stattfindet. (Siehe „4 Evaluation der Pilotgruppe“) Die Evaluation des Vorhabens muss aufgrund des Fertigstellungstermins für die Hausarbeit zwangsläufig vor Abschluss der Umsetzungsphase durchgeführt werden. Es können jedoch die kompletten Ergebnisse des ersten Halbjahres, wie auch die des ersten Teils im zweiten Halbjahr einfließen, was eine hinreichende Aussagefähigkeit gewährleisten sollte.

Überarbeitung der Unterrichtsreihen

Nach Abschluss der Umsetzungsphase schließt sich im letzten Schritt eine Überarbeitung der Unterrichtsreihen für die WPU-Gruppe im kommenden Schuljahr an.

3.2 Beschaffung der notwendigen Hardware und Software

Für den einfachen Aufbau von Computersteuerungen sind Interfaces (Schnittstellen) zwischen Computer und dem zu steuernden Gerät notwendig. Inzwischen werden von verschiedenen Herstellern solche Systeme angeboten, die für Schulen geeignet sind. Da die Aufgabe bestand, diese Systeme beschaffen, wurde eine eigene Markterhebung durchgeführt. Folgende Kriterien wurden dabei für einen Vergleich der angebotenen Systeme zu Grunde gelegt:

- Schnittstelle zu PC USB, Parallel oder RS232
- Intuitiv zu bedienende Software, mit der Steuerungen programmiert werden können
- Einfacher Befehlssatz in der Low-Level-Programmierung (falls diese benutzt wird)
- Bibliothek für gängige Windows Hochsprachen wie z.B. VB oder Delphi
- Möglichst auch offline Betrieb mit eigenem Mikrocontroller
- Ausgänge: Min. 4*digital, kurzschlussfest, belastbar mit ca. 1A – nicht nur TTL
- Eingänge: Min. 8*digital, 2* AD
- Niedriger Preis
- Robust, da im Schuleinsatz
- Anschlüsse steck- oder schraubbar ohne Spezialwerkzeug

Nach Durchführung der Markterhebung deren Übersicht sich im Anhang findet, wurde das Robo-Interface der Firma Fischertechnik sowie die Software RoboPro[7] ausgewählt. Gründe für die Wahl waren die Erfüllung der o.g. Kriterien bei gutem Preis/Leistungsverhältnis, so wie der Umstand, dass bereits Fischertechnik Komponenten in unserer Schule vorhanden sind. Somit sind hier keine Kompatibilitätsprobleme vorhanden.

Die Software bietet die Möglichkeit, in Form von so genanntem Rapid-Prototyping Anwendungen zur Steuerung der Fischertechnik Interfaces zu programmieren. Die Vorgehensweise entspricht der moderner Programmiersysteme in der beruflichen Praxis, wie zum Beispiel die Simatic der Firma Siemens. Dieses weltweit verbreitete System unterstützt in der aktuellen Generation ebenfalls eine grafische Programmiersprache S7-Graph[8], die der in RoboPro verwendeten Sprache in Form und Bedienung ähnelt.

---

[7] RoboPro-Software zur Steuerung von Interfaces der Firma Fischertechnik, als Schullizenz erhältlich bei Fischertechnik, D-72178 Waldachtal im Vertrieb über die Firma Knobloch Electronic (www.knobloch-gmbh.de)

[8] Vgl. Ausbildungsunterlage der Firma Siemens „Ausbildungsunterlage für die durchgängige Automatisierungslösung – Totally integrated Automation – Kurs Schrittkettenprogrammierung mit S7-Graph", 2002

3.3 *Lernziele des Gesamtvorhabens innerhalb der WPU-Gruppe*

Die nachfolgend dargestellten Lernziele sind an den Unterrichtsvorschlag aus dem Lehrplan Technik[9] für Hauptschulen angelehnt. Sie wurden jedoch an den vorhandenen Kontext angepasst und hinsichtlich der fachlichen Elemente auf den aktuellen Stand der Technik gebracht.

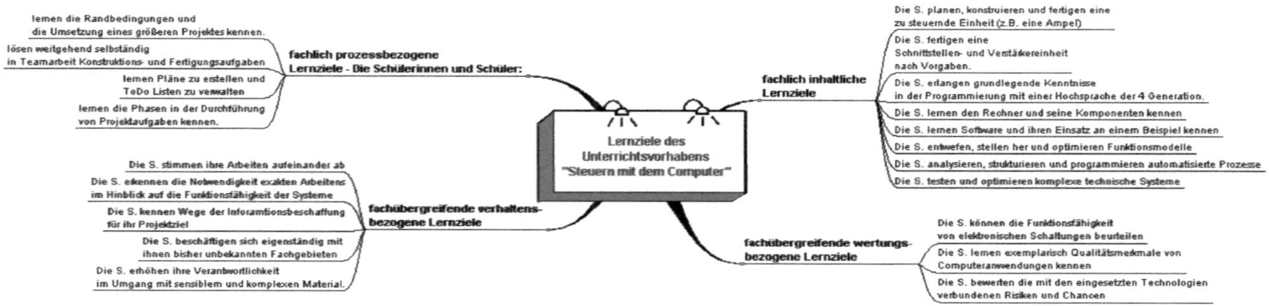

[9] Richtlinien Technik Hauptschule –Kultusminister des Landes NRW 1989 – Empfehlungen zur Arbeit in den Jahrgangsstufen – Bereich Transport und Verkehr/Information und Kommunikation S.133

3.4 Inhalte des Unterrichtsvorhabens

Die Auswahl der Inhalte wurde von dem bereits an unserer Schule vorhandenen Konzept der Unterrichtsreihe „Ampelsteuerungen" abgeleitet. Allerdings mussten diese einerseits um die relevanten Elemente der Computer- und Interfacetechnik ergänzt werden. Andererseits wurden auch die Inhalte so ausgelegt, dass eine weitgehend selbständige Arbeitsweise der Schüler möglich geworden ist. So wurde zum Beispiel eine Ampel als großes Funktionsmodell nach den Vorstellungen der Schüler von ihnen selber gebaut, anstatt die vorhandenen „Standard" Modellampeln zu verwenden. Hier spielte der Faktor der Motivation durch das gemeinsam selbst geschaffene große Modell eine wichtige Rolle bei der Auswahl dieses Inhaltes.

Auch mussten die Inhalte nach gewissen Einschränkungen hinsichtlich des zum jeweiligen Zeitpunkt verfügbaren Equipment und Material ausgewählt werden. Da für das Unterrichtsvorhaben ein Satz neuer Interface-Module beschafft werden musste, dieser jedoch (weil Marktneuheit) erst während der Laufzeit des WPU Kurses in den Handel gekommen ist, musste für das erste halbe Jahr mit zwei vorhandenen alten Interfacebausteinen für die Computer gearbeitet werden. Dass bei zwei vorhandenen Interface-Modulen nur jeweils 2 Gruppen am Computer arbeiten konnten, war auch ein Argument für die Aufteilung in drei fachlich völlig unterschiedliche Arbeitsgruppen.

3.4.1 Inhalte des ersten Halbjahres

Projekt „Ampelsteuerung"

Im ersten Halbjahr wurde im Rahmen der WPU-Gruppe in Form eines Projektes eine Ampelsteuerung für eine Ampelkreuzung geplant und vollständig realisiert. Hierzu wurden für die Dauer des Projektes drei Arbeitsgruppen mit folgenden Aufgabenstellungen gebildet:

Computergruppe	Analyse der realen Ampelsituation, Planung der Ampelphasen, Erstellung eines Programms zur Ampelsteuerung mit dem Programmiersystem DoIT, Dokumentation des Gesamtsystems
Elektronikgruppe:	Fertigung eines Interface-Signalverstärkers, einer Relaiseinheit und der zugehörigen Verkabelung, damit das Interface Modul des Computers die Ampel ansteuern kann.
Konstruktionsgruppe:	Konstruktion und Fertigung des Funktionsmodells einer Ampel einschließlich Anschlusskabel

Die Arbeitspakete wurden so gewählt, wie sie auch bei einem typischen Auftrag für die Konstruktion und Fertigung einer Anlage in der Wirtschaft üblich sind.

3.4.2 Inhalte des zweiten Halbjahres

Lehrgang „Programmierung" und kleinere Steuerungsaufgaben

Im zweiten Halbjahr lag der Schwerpunkt der WPU-Gruppe stärker auf der Computertechnik und der Programmierung. Die moderneren Interface-Module sind in der Zwischenzeit verfügbar, so dass auch mit der gesamten Lerngruppe parallel am Rechner entwickelt werden konnte. Hier trat dann die Konstruktionsaufgabe stärker in den Hintergrund. Auch für die Elektronik wurde ein anderer Schwerpunkt gelegt. Hier wurde jetzt auch auf die vorhandenen Komponenten des Baukastensystems Fischertechnik zurückgegriffen.

Mit der RoboPro-Software sollten die Grundlagen der Programmierung von einfachen Steuerungen von den Schülern erlernt werden. Als zu steuernde Systeme wurden hierfür Modelle verwendet, welche mit den Fischertechnik-Baukästen zuvor konstruiert worden sind. Zu Beginn wurde hier eine Motorsteuerung, eine einfache Ampel, dann eine Kreuzungsampel programmiert. Im noch folgenden Rest des Schuljahres ist geplant:

Bereich Sensorik: Die in den an der Schule vorhandenen Fischertechnik-Baukästen enthaltenen Sensoren werden auf spielerische Weise erprobt, und einfache Anwendungen nach Wunsch der Schüler werden realisiert. (z.B. Garagentor-Antrieb, Überwachung mit Computer, Lichtsteuerung etc.)

Projekt Steuerungstechnik: Ein umfangreicheres Projekt der Steuerungstechnik wie z.B. ein Robotergreifarm oder ein intelligentes Fahrzeug sollen zum Abschluss mit dem vorher erworbenen Wissen realisiert werden.

3.5 Unterrichtsrelevante Voraussetzungen

Nachfolgend sind die unterrichtsrelevanten Voraussetzungen aufgeführt. Die organisatorischen Voraussetzungen finden sich im Analyseteil unter „2.6 Rahmenbedingungen".

3.5.1 Allgemeine Voraussetzungen

Der WPU-Kurs läuft über das komplette Schuljahr 2004/2005. Die Lerngruppe setzt sich aus 12 Schülern aus drei Klassen der Jahrgangsstufe 9 zusammen. Die Schüler haben den Kurs zu Beginn des Schuljahres im Anschluss an eine kurze Infoveranstaltung zu allen WPU-Kursen gewählt. Hierbei spielten sicher persönliche und berufliche Interessen eine Rolle, aber auch Zusammengehörigkeit von Cliquen. Die Schüler waren zuvor bis auf wenige Ausnahmen aus dem Physik- bzw. Technikunterricht des vorhergegangenen Schuljahres bekannt.

3.5.2 Lernstil

Ursprünglich wäre in einer WPU-Gruppe aufgrund der freiwilligen Wahl des Faches ein gewisses durchgängiges Interesse am Thema der WPU-Gruppe zu erwarten. Das dies in der Praxis nicht so ist, liegt sicher daran, dass die Auswahl der Gruppe durch die Schüler nicht nur nach fachlichen Interessen, sondern auch stark durch bestehende Cliquen, Klassenverbände etc. beeinflusst wird. Aufgrund dieses Umstandes brachten die Schüler sehr unterschiedliche Voraussetzungen mit. Dies gilt für die inhaltlichen Bereiche Kenntnisse der Elektrotechnik, Computertechnik. Dies konnte durch gezielten Einsatz der Schüler in ihren Interessengebieten im ersten Halbjahr während der Projektarbeit ausgleichen werden.

Ebenso gilt dies für methodische und soziale Kompetenzen. Einige Schüler sind in der Lage, ihr Lernen und ihre Arbeit zu organisieren und gut im Team zu arbeiten. Andere Schüler benötigen Anleitung zu jedem Einzelschritt ihrer Arbeit. Dies war immer dann problematisch, wenn strukturiertes Vorgehen über einen gewissen Zeitraum gefragt war. Hier wurde mit unterschiedlich tief differenzierten Vorgaben für die Umsetzung und unterschiedlich ausgeprägter Lehrerunterstützung entgegengesteuert.

3.5.3 Themenbezogene Voraussetzungen

Die Schüler hatten hinsichtlich ihrer Kenntnisse über den Computer und die Steuerungstechnik einen sehr unterschiedlichen Kenntnisstand. Jedoch war allen auch vor dem WPU-Kurs der Umgang mit dem Computer geläufig. Neu war die Interface-Technik und die Programmierung.

3.6 Methodische Überlegungen

3.6.1 Faktoren für die Auswahl der Unterrichtsmethoden

Folgende Faktoren haben bei der Auswahl der Unterrichtsmethoden eine entscheidende Rolle gespielt:

Binnendifferenzierung

Wie schon in Abschnitt 2.8 „Besondere Probleme des Vorhabens an der Hauptschule“ beschrieben, ist diese für das Gelingen des Vorhabens existenziell. Aus diesem Grund habe ich Unterrichtsmethoden gewählt, welche vor allem gute Möglichkeiten der Binnendifferenzierung bieten.

Erreichen von methodischen und sozialen Kompetenzen

Da neben den fachlichen auch nicht-fachliche Ziele eine große Rolle spielen (siehe „3.3 Lernziele des Gesamtvorhabens innerhalb der WPU-Gruppe“), sind hier auch die Methoden entsprechend auszurichten. Um zum Beispiel die fachlich prozessbezogenen Ziele wie „lösen weitgehend selbständig in Teamarbeit Konstruktions- und Fertigungsaufgaben“ erreichen zu können, muss an methodischen und sozialen Kompetenzen gearbeitet werden. Auch dies war ein wichtiges Kriterium für die Auswahl der Unterrichtsmethode. Es mussten Methoden gewählt werden, die hier naturgemäß eine gute Unterstützung bieten.

Flexibilitätsanforderungen

Nicht zuletzt musste der Unterrichtsablauf flexibel auf organisatorische Einflüsse reagieren. Auch dies spielte eine Rolle bei der Wahl der Unterrichtsmethoden. Da nicht sicher war, ob die bestellte und zugesagte Hardware zum Ende des ersten Halbjahres geliefert werden konnte (Es handelte sich um eine Neuentwicklung), musste im ersten Halbjahr eine Arbeitsform gefunden werden, mit welcher flexibel auf Verzögerungen reagiert werden kann.

3.6.2 Auswahl der Unterrichtsmethoden:

Erstes Halbjahr: Einsatz von arbeitsteiliger Gruppenarbeit in einem **Projekt** - Einsatz der Schüler nach ihren „Lieblingsgebieten“ und Kenntnissen. Praktisch wurde dies gelöst, indem die Gruppe in drei Teams mit je 4 Schülern aufgeteilt worden ist. Hier sind die Konstruktionsgruppe, die Elektronikgruppe und die Programmierergruppe zu nennen. Die drei Gruppen konnten mit regelmäßigen Unterstützung durch den Lehrer im Laufe des ersten Halbjahres ihre Arbeiten und damit ihr Lernen weitestgehend selbständig gestalten. (Details siehe Abschnitt 3.4.1 „Inhalte des ersten Halbjahres“) Haupt-Unterrichtsform war hier die Projektmethode. Hiermit war eine durch die Aufgabenteilung natürliche Differenzierung gegeben. Es wurden zwischenzeitlich, zum Beispiel für die Erklärung von Funktionsgruppen wie Interface, Signalverstärker etc., Lehrgänge eingeschoben.

Zweites Halbjahr: Kombination aus **leittextgesteuertem Lernen** und **Lehrgängen**. Hier lag der Schwerpunkt stärker auf der Programmierung und Bedienung der Computer. (Details siehe Abschnitt 3.4.1 „Inhalte des ersten Halbjahres“) Es sollte in Arbeitsgruppen zu zwei bis drei Schülern jeweils an einem Computer gearbeitet werden. Dabei bot die Leittextmethode (nach Hüttner)[10] , unterstützt durch Lehrgänge in geeigneten Phasen, ideale Ansatzpunkte, um durch den Selbstlernprozess eine möglichst gute Differenzierung zu erreichen. Allerdings will diese Methode in einer Gruppe auch eingeübt werden. Die Erfahrungen hierzu werden im Abschnitt „4.1.3 Interpretation der Ergebnisse“ noch näher dargelegt.

3.6.3 Einsatz von besonders guten Schülern als Experten

An verschiedenen Punkten wurden Schüler, welche besonders schnell und selbständig zu ihrem Ergebnis gekommen sind, als Experten eingesetzt, um ihr Wissen an andere weiterzugeben. Dies hat sich vor allem im Bereich der Programmierung und der Nutzung der Entwicklungsumgebung als sehr förderlich erwiesen. Beispiele hierfür sind:

- Im Bereich der Elektronik konnte ein Schüler auf ein besonders gutes Fachwissen zurückgreifen, da er in seiner Freizeit Radios zusammenbaut. Er konnte in der Elektronikgruppe einen Teil seines Wissens an die 3 anderen Teammitglieder weitergeben und sie anleiten.

[10] Vgl. Hüttner: Technikunterrichten, Haan-Gruiten (Europa-Lehrmittel) 2002

- Im Bereich der Programmierung hat dies häufig auch ohne explizite Aufforderung funktioniert. Die Schüler sind hier besonders gerne bereit, ihr Knowhow zu teilen bzw. andere zu fragen, wenn sie nicht weiterkommen.
- Im Bereich der Organisation und Dokumentation hat eine Schülerin besonders strukturiertes Vorgehen gezeigt. Sie konnte den anderen helfen, ihre Mappen zu verbessern. Dies wurde ausdrücklich erlaubt, um hiermit das Teamergebnis über das Ergebnis durch „Einzelkämpfer" zu stellen.

3.7 *Aktueller Stand*

3.7.1 Projekt „Ampelsteuerung"

Das Projekt Ampelsteuerung des ersten Halbjahres wurde von den Schülern mit dem Bau einer „lebensgroßen" Ampel aus Holz einschließlich der Lampen und Verkabelung, der Signalverstärkerelektronik für das Interface und einem Computerprogramm für die Steuerung der Ampel abgeschlossen. (siehe Abb. 1)

Der Bau der **Ampel** wurde von den Schülern aus der „Konstruktionsgruppe" vollständig selber geplant und durchgeführt. Erwartungsgemäß schwierig war hierbei, die Schüler zur Erstellung einer möglichst genauen Zeichnung vor dem Start der Arbeit zu motivieren. Die Zeichnung wurde zunächst eher nachlässig angefertigt. „Lehrgeld" musste bezahlt werden, indem diverse Teile der Ampel neu gefertigt werden mussten, nachdem sie auf Grund unvollständiger Fertigungsunterlagen nicht passten. Aber auch diese Erfahrung ist für die Schüler wichtig. Die aktuelle Schülerzeichnung zur Konstruktion findet sich im Anhang.

Abbildung 1 - Schülerfoto der Ampel

Darüber hinaus wurde von den Schülern eine technische Dokumentation in einer zentralen Mappe angefertigt. Beispiele finden sich ebenfalls im Anhang.

Abbildung 2 - Schüler beim Test der Signalverstärkereinheit

Den Bau des **Signalverstärkers** und der **Relaiseinheit** hat eine Schülergruppe durch bei einem Teilnehmer bereits vorhandenen Fachkenntnisse auf dem Gebiet der Elektronik besonders vorangetrieben. Hier musste von Lehrerseite die Vorgabe eines Gesamtschaltplans sowie Unterstützung hinsichtlich Materialversorgung und Hilfen bei Test und Fehlerbeseitigung erfolgen. Diesbezügliche Fähigkeiten konnten selbstverständlich im Bereich der Hauptschule Klasse 9 nicht erwartet werden.

Das **Computerprogramm** wurde von den Schülern der Computergruppe völlig selbständig erarbeitet. Als Hilfestellung wurde den Schülern lediglich das Handbuch der Programmierumgebung DoIT sowie eine kurze Einweisung gegeben. Hier waren von Lehrerseite organisatorische Hilfen sowie Hilfestellungen bei der Planung des Vorgehens notwendig. Ein Flussdiagramm des Computerprogramms für die Ampel findet sich im Anhang.

3.7.2 Lehrgang „Programmierung“ und kleinere Steuerungsaufgaben

Im Rahmen des bisherigen Lehrgangs im zweiten Halbjahr musste zunächst der Umgang mit den neuen Interface Bausteinen der Firma Fischertechnik und der dazugehörigen Programmieroberfläche erlernt werden. Ebenso musste der sorgsame Umgang mit den Baukästen der Firma Fischertechnik trainiert werden. Hierzu wurde überwiegend in Partnerarbeit an jeweils einem PC gearbeitet.

Inhaltlich wurde von den Zweiergruppen jeweils eine Ampelsteuerung für eine einzelne Ampel programmiert. Schnellere Gruppen haben auch bereits die Steuerung der beiden Ampeln für eine Straßenkreuzung realisiert. Ebenso wurde zu Übungszwecken ein Motor mit Rechts-Linkslauf und verschiedenen Geschwindigkeiten gesteuert.

Im Kurs „Programmierung“ wurde auch die persönliche Dokumentationsmappe der Schüler erstellt. Diese wird für die Beurteilung der Erreichung von prozessbezogenen, aber auch einigen fachlich-inhaltlichen Lernzielen herangezogen.

3.8 Leistungsbewertung: Kriterien, Bewertungsformen

Im Rahmen des WPU-Kurses besteht die Notwendigkeit der Leistungskontrolle vor allem aus folgenden Gründen (aus Schmayl/Wilkening[11]):

- *Kritische Selbstüberprüfung des Lehrers im Hinblick auf seine Unterrichtsqualität*
- *Information der Schüler über ihren Lernstand*
- *Diagnose zum Zwecke der Lernhilfe*
- *Pädagogisch vertretbare Notenfindung*

Der Lehrplan[12] schlägt für die Erarbeitung von Bewertungskriterien eine Unterteilung in *Schriftliche Arbeiten, Mündliche Beiträge, Praktische Leistungen* vor, versteht dies jedoch als Anregung, nicht als Vorschrift. Da es konsequenter erschien, wurde hier die Aufgliederung der Leistungsbewertung am Muster von Schmayl/Wilkening orientiert. Bei diesem Vorgehen lässt sich jedes Kriterium für die Beurteilung an einem Lernziel bzw. einer Lernzielrichtung festmachen, da auch die Lernziele für die WPU-Gruppe nach den Lernzielrichtungen *fachlich-inhaltlich, fachlich-prozessbezogen, verhaltensbezogen und wertungsbezogen* gegliedert wurden. In der nachfolgenden Übersicht finden sich die Lernzielrichtungen nach Schmayl/Wilkening mit den für die WPU-Gruppe angewendeten und mit den Schülern vereinbarten Bewertungskriterien sowie Fragestellungen, mit denen die Schüler ihren jeweiligen Stand hinterfragen können.

Lernzielrichtung „Benennung im Tortendiagramm“	Bewertungskriterien	Kommunikation gegenüber den Schülern

[11] Vgl. Schmayl/Wilkening: Unterrichtsmodelle – Technikunterricht, Bad Heilbrunn (Klinkhardt) 1995, S. 217 ff

[12] Vgl. Kultusminister NRW: Richtlinien Technik, Lernbereich Arbeitslehre – Hauptschule. Düsseldorf 1989, S. 71.

Lernzielrichtung „Benennung im Tortendiagramm"	**Bewertungskriterien**	**Kommunikation gegenüber den Schülern**
Fachlich-Inhaltlich „fachlich"	Geschicklichkeit, Genauigkeit, Sorgfalt bei der Herstellung, Kenntnis von Fakten und Zusammenhängen, Fähigkeiten zum Verbalisieren, Zeichnen und Darstellen u.a.	Wie war die Qualität beim Aufbau der Schaltungen, Erstellen der Programme, Zusammenbau der Konstruktion? Wie gut ist das Fachwissen, dass du dir erarbeitet hast? Mit welchen Beiträgen konntest du das Projekt voranbringen?
Fachlich-prozessbezogen „Organisation"	Organisation der eigenen Arbeit und Mitarbeit im Team Kenntnisse von notwendigen Abläufen Dokumentation	Wie gut hast du deine Arbeit organisiert? Wie gut hast du im Team gearbeitet? Hast du einen Plan gemacht, bevor du mit deiner Arbeit begonnen hast? Wie hast du deine Dokumentationsmappe geführt?
Verhaltensbezogen „Verhalten"	Eigenständigkeit, Arbeits- und Sozialverhalten, Verantwortung im Umgang mit den Geräten	Wie gut hast du mitgearbeitet? Hast du zwischendurch gestört oder dich am Unterricht beteiligt?
Wertungsbezogen	Wurde zu Gunsten einfacherer Struktur für die Schüler nicht zur Bewertung herangezogen.	

Diese Kriterien zur Beurteilung konnten den Schülern gut vermittelt werden, da sie transparent und für sie nachvollziehbar sind. Dies wurde zu Beginn des Kurses und auch an Wendepunkten innerhalb der Unterrichtsreihe (z.B. vor Beginn der Arbeit an der Dokumentationsmappe oder vor den Halbjahreszeugnissen) jeweils thematisiert, wobei das folgende Tortendiagramm zur Visualisierung an der Tafel verwendet wurde.

Noten WPU

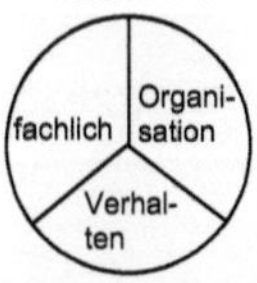

Die Note setzt sich zu 1/3 aus den jeweiligen Anteilen zusammen.

Noten für diese drei Kriterien wurden jeweils für ausgewählte Stunden an jeden Schüler vergeben, und diese auch den Schülern mitgeteilt. So konnte ihnen ein direktes Feedback zu den drei wichtigen Kriterien gegeben werden. Hiermit soll das Bewusstsein bei den Schülern für die Konsequenz ihrer Handlung gestärkt werden: *„Wenn ich meine Mappe nicht (in hinreichender Qualität) abgebe, muss ich einen konkreten Nachteil im Kriterium Organisation in Kauf nehmen".* Diskussionen zu einzelnen Noten „Warum habe ich denn in Organisation nur eine 4?" kamen auf und konnten aufgrund der Fragen (siehe Tabelle) relativ plausibel beantwortet werden. *„Schau dir einmal deine Mappe an. Enthält die denn die wesentlichen Kapitel, welche wir vereinbart hatten?"* Oder zum Verhalten :*"Hast du denn heute konsequent mitgearbeitet, programmiert, oder hast du zwischendurch im Internet gesurft?"*

4 Evaluation der Pilotgruppe

Die WPU-Gruppe Technik/Informatik führt die Aufgabenstellungen im Schuljahr 2004/2005 erstmalig aus. Die hieraus gewonnenen Erfahrungen sollen in die weitere Gestaltung der WPU-Gruppe und die Konzeption einer Unterrichtsreihe für den regulären Technikunterricht einfließen. Hierzu wurde diese Evaluation durchgeführt. Nachfolgend wird die Durchführung der Evaluation beschrieben. Die daraus abzuleitenden Maßnahmen werden ebenfalls ausgeführt. Grundlage für die Evaluation sind folgende Quellen:

- Befragung der Schüler mit Hilfe eines Fragebogens.
- Einschätzung des unterrichtenden Lehrers.
- Kommentar meines Fachkollegen, der die Funktion als Fachbereichsleiter der Technik an unserer Schule wahrnimmt, sowie Auswertungsgespräch mit ihm.

4.1 Befragung der Schüler mit Hilfe eines Fragebogens

4.1.1 Schülerfragebogen und Auswertungsverfahren

Zur Schülerbefragung wurde in Anlehnung an Mattes, Methoden für den Unterricht[13], ein Fragebogen entwickelt.

Dieser gibt die **Selbsteinschätzung der Schüler** nach verschiedenen Kriterien wie Interesse/Motivation, Lernerfolg, Methoden usw. auf einer Skala von jeweils 5 Bewertungsstufen wieder. Der Fragebogen findet sich als Muster im Anhang. Er sollte ohne Angabe von Namen abgegeben werden, mit dem ausdrücklichen Wunsch nach ehrlichen Antworten. Einige Schüler haben dennoch ihre Namen auf die Blätter geschrieben, was bei der Interpretation der Antworten natürlich eine gewisse Hilfe war.

Aus den Ergebnissen der Befragungen wurde jeweils der arithmetischen Mittelwert und die zugeordnete Bewertungsstufe dargestellt. Außerdem wurde die relative Standardabweichung[14] zu jeder Stichprobe berechnet. Da diese bei nahezu allen Fragen unter 25% liegt, kann von hinreichend eindeutigen Ergebnissen ausgegangen werden. Ausnahmen bilden hier nur die Kriterien Zukunftsbedeutung (46%) und Leittextmethode (34%). Mögliche Ursachen für diese Ausnahmen werden im nachfolgenden Abschnitt beschrieben.

Die Stichprobe wird mit neun Schülern bei einer Gruppengröße von 12 Schülern als hinreichend groß angenommen. Die drei fehlenden Schüler waren zum Tag der Erhebung abwesend. Da anschließend aufgrund Osterferien kein Unterricht stattfand, wurden diese drei Ergebnisse nicht mehr nacherhoben.

[13] Vgl. Wolfgang Mattes: Methoden für den Unterricht, Paderborn (Schöningh) 2002, S.130

[14] Mittelwert und Standardabweichung wurden nach den üblichen Formeln berechnet. Bei der Standardabweichung gilt die Stichprobe als Basis. Vgl. auch Pfanzagl: Allgemeine Methodenlehre der Statistik I, Sammlung Göschen (Berlin) 1978.

$$\bar{x}_{arithm} = \frac{1}{n}\sum_{i=1}^{n} x_i = \frac{x_1 + x_2 + \cdots + x_n}{n} \qquad s = \sqrt{\frac{1}{n-1}\sum_{i=1}^{n}(X_i - \bar{X})^2}$$

4.1.2 Einzelergebnisse der Schülerbefragung

	Auswertungskriterium	Fragestellung	**Ergebnis: Bewertungsstufe**	Standardabw.	Anzahl Nennungen je Bewertungsstufe				
			Mittelwert	Relativ	Stufe 1	Stufe 2	Stufe 3	Stufe 4	Stufe 5
1	Interesse/ Motivation	Fandest du den Unterricht interessant oder langweilig?	**Spannend**		sehr langweilig	langweilig	geht so	spannend[15]	Sehr spannend
			4,1	19%	0	0	2	4	3
2	Lernerfolg	Wie viel hast du gelernt?	**Viel**		sehr wenig	eher weniger	mittel	viel	sehr viel
			3,9	20%	0	0	3	4	2
3	Stoffbewältigung	Wie gut hast du den Stoff verstanden?	**konnte ich verstehen**		überhaupt nicht	eher nicht	geht so	konnte ich verstehen	alles verstanden
			4,3	20%	0	0	2	2	5
4	Lerntempo	Wie war das Lerntempo für dich?	**etwas zu langsam**		viel zu schnell	etwas zu schnell	genau richtig	etwas zu langsam	viel zu langsam
			3,7	22%	0	1	2	5	1
5	Lehrersprache	Wie hat der Lehrer erklärt?	**Gut**		sehr schlecht	schlecht	mittel	gut	sehr gut
			4,1	18%	0	0	2	4	3
6	Lernatmosphäre	Wie war die Lernatmosphäre?	**Gut**		sehr schlecht	schlecht	mittel	gut	sehr gut
			4,0	18%	0	0	2	5	2
7	Mitarbeit	Wie hast du selber mitgearbeitet?	**sehr viel**		überhaupt nicht	eher weniger	mittel	viel	sehr viel
			4,6	16%	0	0	1	2	6
8	Zukunftsbedeutung	Wie viel von dem hier gelernten wirst du später gebrauchen können?	**Mittel**		sehr wenig	eher weniger	mittel	viel	sehr viel
			3,2	44%	1	2	2	2	2
9	Teamarbeit	Wie hat euer Projektteam beim Bau der Ampel im Technikraum funktioniert?	**Gut**		sehr schlecht	schlecht	mittel	gut	super
			4,3	20%	0	0	2	2	5
10	Leittextmethode	Wie haben die Arbeitsblätter dir beim Lernen im Computerraum geholfen?	**Mittel**		sehr wenig	eher weniger	mittel	viel	sehr viel
			3,2	34%	1	1	2	5	0
11	Gesamteinschätzung	Wie hat dir der WPU Unterricht bisher insgesamt gefallen?	**Gut**		unmöglich	schlecht	mittel	gut	super
			4,2	16%	0	0	1	5	3

[15] Die jeweils im Mittel gewählte Bewertung wurde grau hinterlegt.

4.1.3 Interpretation der Ergebnisse

Nachfolgend findet sich eine Interpretation der einzelnen Ergebnisse. Wenn sich eine Maßnahme zur Korrektur im weiteren WPU Unterricht hieraus ableitet, ist diese jeweils aufgeführt.[16]

Interesse/Motivation	Die Schüler haben den Unterricht im Mittel mit der Bewertung 4,1, also als „spannend“ eingestuft. Der Unterricht ist durch einen hohen praktischen und handlungsorientierten Anteil geprägt. Das Thema Computer und Technik hilft ebenfalls, diesen Faktor zu verstärken. Aufgabenstellungen wie Steuerungen oder Alarmschaltungen führen aufgrund ihrer technischen Faszination zu einem hohen Interesse.
Lernerfolg	Der Lernerfolg („Wie viel hast du gelernt?“) wird von den Schülern im Mittel mit der Stufe 3,9, also „viel“ eingestuft. Naturgemäß ist bei einer Selbsteinschätzung durch die Schüler die Tendenz, sich in ein möglichst gutes Licht zu rücken, nicht auszuschließen. Daher ist beabsichtigt, noch eine schriftliche Lernerfolgskontrolle nach Abschluss der Reihe „Programmierung“ durchzuführen, um dies zu verifizieren.
Stoffbewältigung	Die Schüler sind der Ansicht, dass der Stoff verstanden werden konnte, also Stufe 4,3. Hier bin ich ursprünglich skeptisch gewesen. Da es sich um sehr komplexe Zusammenhänge handelt, bestand die Gefahr, die Schüler zu überfordern. Hier hat nach meiner Einschätzung der Umstand des „vernetzten Lernens“ eine große Rolle gespielt. Die Schüler haben aufgrund der stofflichen Aufbereitung und der Nähe des Themas zu ihren Interessen bereits vorhandenes Wissen aus ihrem Lebensumfeld mit dem neu hinzugekommenen verknüpfen können. Bemerkenswert ist hier, dass eine relativ hohe Korrelation der Werte (Standardabweichung 20%) vorliegt. Das heißt, dass trotz einer stark heterogenen Lerngruppe die Schüler durchgängig nach ihrer Einschätzung den Stoff verstanden haben. Dies führe ich auf einen hohen Anteil selbständigen Lernens zurück, der durch den projektorientierten Ansatz und die Leittextmethode möglich ist.
Lerntempo	Hier läge der Idealwert bei 3,0, also bei „genau richtig“. Die Schüler haben das Lerntempo als mit 3,7 als „etwas zu langsam“ eingestuft. Allerdings ist die Empfindung der Schüler für das „Lerntempo“ im Kurs auch zu einem gewissen Maß durch den Projektfortschritt beeinflusst. Es muss berücksichtigt werden, dass die Jugendlichen mit ihrem Durchhaltevermögen auch an Grenzen gestoßen sind, wenn z.B. Schaltungen nicht so funktioniert haben, wie sie erwartet hatten. Dies ist, so lange es nicht in das Gegenteil, nämlich Frustration umschlägt, zu „ertragen“. Hiermit werden bei letztlich erreichtem Endergebnis schließlich Geduld und kontinuierliches Arbeiten trainiert. Dies ist, siehe Lernziele, ausdrücklich erwünscht.

[16] Wenn in diesem und dem folgenden Abschnitt die Einschätzung des Autors einfließt, wurde dies bewusst durch Nutzung der „Ich-Form“ hervorgehoben.

Lernatmosphäre

Die Lernatmosphäre wurde bei zwei geringen Abweichungen in Richtung sehr gut und mittel als gut, also 4,0 bezeichnet.

Mitarbeit

Sehr interessant ist, dass die Schüler ihre eigene Mitarbeit überwiegend auf der Stufe 4,6, also „sehr viel" eingeschätzt haben. Aus meiner Beobachtung als Lehrer kann ich sagen, dass dies eher heterogen verteilt war. Hier tritt wohl der (siehe am Ende dieses Kapitels) häufig zu findende Faktor zu Tage, dass Schüler bei Selbsteinschätzungen speziell im leistungsbezogenen Bereich dazu neigen, sich in ein möglichst gutes Licht zu rücken.

Zukunftsbedeutung

Die Frage „Wie viel von dem hier gelernten wirst du später gebrauchen können?" wurde im Durchschnitt mit Stufe 3,2, also „mittel" bewertet. Das Ergebnis ist hier am stärksten über alle Bewertungsstufen verteilt. Die relative Standardabweichung beträgt 43%. Es findet sich eine Antwort mit „sehr wenig" genau wie zwei Antworten mit „sehr viel". Ich führe dies auf die noch sehr unterschiedlich ausgeprägte Fähigkeit der Schüler zurück, ihre beruflichen und persönlichen Perspektiven einschätzen zu können. Tatsache ist, dass gerade die im Rahmen der Projektarbeit und des selbständigen Lernens exemplarisch erworbenen Kompetenzen und Fähigkeiten eine sehr große Rolle in der Berufswelt spielen, unabhängig davon, welchen Berufsweg die Jugendlichen einschlagen werden.

Eine Maßnahme zur Verbesserung wird hier sein, die Zukunftsbedeutung im Kurs noch stärker zu thematisieren und deren Verständnis zu hinterfragen. Dies kann im Rahmen des fachlichen Unterrichts in der Vorbesprechung geschehen, aber auch durch explizite Unterrichtsvorhaben im Rahmen einer technischen Erkundung oder einer Konferenzmoderation.

Teamarbeit.

Die Teamarbeit im Projekt wurde von den Schülern im Mittel als „gut" mit 4,3 bewertet. Hier spiegelt sich sicher auch die Erreichung des Projektziels für das erste Halbjahr, nämlich die Fertigstellung der Ampelanlage einschließlich Programm wieder.

Leittextmethode

Hier sollten die Schüler bewerten, wie gut sie mit den Arbeitsblättern zur Erlernung der Interfacetechnik und des Programmierens zurechtgekommen sind. Hier findet sich die Leittextmethode als Unterrichtsverfahren wieder. Die Frage „Wie haben die Arbeitsblätter dir beim Lernen im Computerraum geholfen?" wurde durchschnittlich mit „mittel" (3,2) bewertet. Allerdings wurde hier sehr unterschiedlich geurteilt (Standardabweichung 34%). Ein Schüler hat mit „sehr wenig", fünf Schüler haben mit „viel" bewertet. Dies zeigt, wie unterschiedlich die Fähigkeit, mit selbständigem Lernen umzugehen, bei den Schülern ausgeprägt und eingeübt ist. Die Arbeitsblätter wurden von konzeptionell veranlagten Schülern eindeutig gut und von wenig selbständigen, eher unstrukturierten Schülern, als weniger hilfreich eingestuft.

Eine Maßnahme wird hier sein, die Methode an sich, also den selbständigen Umgang mit den Arbeitsanweisungen und

	Arbeitsblättern noch explizit zu trainieren. Hierbei können besonders fortgeschrittene Schüler als Experten fungieren.
Gesamteinschätzung	In der Gesamteinschätzung haben die Schüler den bisherigen WPU-Unterricht mit der Bewertung 4,2 und damit „gut" eingestuft. Hier ist auch eine große Übereinstimmung zu finden.

Einige Worte zur Glaubwürdigkeit von Schülerfragebögen

Sind Auswertungen aus Schülerfragebögen glaubhaft? Diese Frage musste ich mir naturgemäß stellen. In der Literatur, aber auch nach meinen Erfahrungen kann die Frage mit „Ja" beantwortet werden, sofern die Befragung in einer unbefangenen Atmosphäre durchgeführt und berücksichtigt wird, dass im Rahmen der Individualdiagnose bei Schülern sehr wohl Seiteneffekte auftreten können. Zum Beispiel in der Broschüre der Evaluation MARKUS des Landes Rheinland Pfalz, welche im Jahre 2000 durchgeführt worden ist, wird zur Glaubhaftigkeit von Schülerbefragungen hervorgehoben: *„Will man solche affektiv-motivationalen Merkmale von Schüler/innen erfassen, dann gelten Selbsteinschätzungen der Betroffenen gemeinhin als die angemessenste Datenquelle. Gleichwohl sind Fragebogenangaben mit Problemen behaftet. Vor allem dann, wenn man sie zur Individualdiagnose einsetzt, muss man mit Verzerrungs- und Verfälschungstendenzen rechnen (z.B. mit der Tendenz, sich in ein möglichst günstiges Licht zu setzen)."*[17]. Insoweit kann davon ausgegangen werden, dass die Ergebnisse der vorliegenden Befragung als glaubwürdig anzusehen sind, mit Einschränkungen bei den beiden Kriterien „Mitarbeit" und „Teamarbeit", da es sich hier bedingt um leistungsbezogene Kriterien handelt.

Im Auswertungsgespräch mit dem Fachkollegen an der Schule (siehe „4.3 Kommentar des Fachbereichsleiters Technik" kam der Hinweis, dass evtl. eine noch etwas stärkere Differenzierung der Fragen innerhalb des Schülerfragebogens möglich wäre. Dies wäre bei der nächsten derartigen Evaluation zu verbessern. Gemeint ist hier am Beispiel des Bereiches Mitarbeit, folgende Antwortmöglichkeiten mitzugeben:

An Stelle von	Ersetzen durch
Sehr wenig	Ich habe mich sehr auf meinen Nachbarn verlassen
Wenig	Ich hatte eigene Ideen, mich aber auch oft auf meinen Nachbarn verlassen
Mittel	Ich habe mitgearbeitet.
Viel	Ich habe des Öfteren eigene Beiträge geliefert.
Sehr viel	Ich habe den Unterricht durch meine Beiträge erheblich vorangebracht.

4.2 Einschätzung des unterrichtenden Lehrers

Ich möchte ergänzend zur Befragung der Schüler, welche ich zusammen mit einer kritischen Interpretation als das wichtigste Diagnoseinstrument betrachte, nachfolgend auch meine eigene Einschätzung darlegen. Hierbei gehe ich nach 3.1.1 „Projektplan" vor.

Initiierung/Vorüberlegungen

In dieser Phase lag der Schwerpunkt der Umsetzung auf organisatorischen Aufgaben. Hier hat sich als Vorteil erwiesen, bereits zu einem frühen Zeitpunkt mit der Vor-Planung des Gesamtvorhabens zu beginnen. Somit war es ohne größere Komplikationen möglich, die Schulleitung und den Förderverein zu einer Unterstützung eines Ausbaus der Thematik Computersteuerungen zu überzeugen. Die konkrete Ausgestaltung stand hier noch nicht so sehr im Vordergrund.

Planung und Vorbereitung

[17] Vgl. Infobroschüre der Evaluation „MARKUS" des Landes Rheinland-Pfalz, (Koblenz) 2000, S. 22.

Durch eine frühezeitige Planung des Vorgehens wurden zu Beginn wichtige Weichen gestellt, aber auch Puffer geschaffen. Als Problem hat sich herausgestellt, dass die in unserer Schule verfügbaren Interface-Bausteine nicht den aktuellen Anforderungen entsprachen. Hier musste mit den (knappen) Mitteln des Haushalts und des Fördervereins eine Anschaffung initiiert werden. Die Berücksichtigung dieses Umstandes bereits in der Planung hat bewirkt, dass sich diese Problematik nicht zum Nachteil des Unterrichtes ausgewirkt hat.

Umsetzung in der Pilotgruppe WPU

Bedingt durch das vorhandene Material war eine zeitliche Struktur notwendig geworden, die uns für das erste halbe Jahr ein Arbeiten mit nur zwei Interface Bausteinen ermöglichte. Die hieraus erwachsene Projektarbeit an der Ampelanlage in arbeitsteiligen Gruppen hat sich aber durchaus als sinnvolle Arbeitsform für die WPU-Gruppe erwiesen. Die Schüler konnten entsprechend ihren kognitiven und motorischen Fähigkeiten eingesetzt werden und diese ausbauen bzw. ihr Wissen auch an andere weitergeben. Dies würde ich in einer zukünftigen WPU-Gruppe ähnlich gestalten. Wenn das komplette Material verfügbar ist, ist allerdings eine Umkehrung der beiden Durchführungsphasen Projektarbeit (Bau eines Steuerungsprojektes) und leittextgestütztes Lernen (Programmierung) sinnvoll. Hiermit kann während der Umsetzung des Gesamtprojektes bereits auf ein besseres Grundlagenwissen bei den Schülern zurückgegriffen werden.

Insgesamt bieten die beiden Schwerpunkte eine ideale Ergänzung und sind auch aus meiner jetzigen Sicht nach acht Monaten Laufzeit Teil einer sinnvollen Vorbereitung auf die berufliche Lebenswirklichkeit der Jugendlichen, vor allem aber auch eine wertvolle Übung zum selbständigen Lernen. Dies ist aufgrund der teilweise selbsterklärenden Struktur der Programmiersysteme möglich.

Grenzen des Vorhabens

An einigen Punkten bin ich auch an Grenzen des (derzeit) Machbaren gestoßen. Hier wäre als Erstes die Programmierung zu nennen. Es war für die meisten Schüler kein Problem, mittels der Software RoboPro per „Drag and Drop“ eine, wenn auch zunächst sehr einfache, Steuerungsanwendung zu programmieren. Allerdings hatte ich ursprünglich auch beabsichtigt, als Programmiersystem MS-Visual-Basic einzuführen. Hiermit lässt sich das Computerinterface ebenfalls ansteuern, und es ist mir aus meiner bisherigen beruflichen Praxis gut bekannt. Die Möglichkeiten für die Erstellung echter individueller Programme sind natürlich um ein Vielfaches größer. Auch ist hiermit eine Integration in Web-Anwendungen möglich, was ja gerade bei den Jugendlichen ein wichtiger motivierender Aspekt ist. Allerdings habe ich bei einer Vorführung und einem kleinen Versuch in der Gruppe hierzu festgestellt, dass die Anwendung dieses Programmiersystems zu komplex und daher nicht zu empfehlen ist.

Ebenso an Grenzen gestoßen bin ich bei der Hinführung zu konzeptioneller Vorgehensweise bei den Schülern der Lerngruppe. Gerade die Projektarbeit bietet gute Lernmöglichkeiten hierzu und erfordert andererseits ein konzeptionelles Vorgehen. Ich musste feststellen, dass dies innerhalb einer Unterrichtsstunde von den Schülern umgesetzt werden kann, dass sie jedoch immer dann Schwierigkeiten haben, wenn größere Zeiträume dazwischenliegen. Dies kann in gewissem Umfang dadurch aufgefangen werden, dass am Anfang jeder Stunde zunächst eine kurze Teambesprechung stattfindet, bei der die aktuellen ToDo´s und der Projektstand besprochen werden.

4.3 Kommentar des Fachbereichsleiters Technik

Nachfolgend findet sich im Wortlaut ein Kommentar des Fachbereichsleiters für das Fach Technik an unserer Schule, welcher auch Konrektor an unserer Schule ist.

„Im Bereich „Steuern und Regeln" kamen an der GHS Overath bisher vorwiegend elektromechanische und elektronische Bauteile zum Einsatz. Während vor einigen Jahren noch auf der MS-DOS-Ebene einfache Programmierungen zur Steuerung eines Styroporschneiders oder eines einfachen Roboters (Fischertechnik) durchgeführt wurden, ist mit der Einführung neuer Computer-Betriebssysteme (WIN 2000) dieser Bereich nach und nach aus dem Technikunterricht verschwunden.

Um so mehr begrüße ich es, dass sich Herr Müller mit diesem Themenbereich intensiv auseinandersetzt und ihn in den Unterricht hat einfließen lassen.

Wegen des relativ hohen Anspruchsniveaus erschien die Durchführung in einer WPU-Gruppe sinnvoll, da die Schüler in der freiwillig ausgewählten Gruppe ein gewisses Grundinteresse mitbringen. Es wäre sinnvoll, das Thema im nächsten Schuljahr noch einmal in einer WPU-Gruppe durchzuführen, um mit den damit gewonnenen Erfahrungen ein gewisses Maß an Planungssicherheit zu erlangen. Ziel soll sein, den PC auch im normalen Technikunterricht der Klassen 7-10 zum Steuern und Regeln einfacher technischer Vorgänge einzusetzen.

Dem Aspekt der Zukunftsorientiertheit des Technikunterrichtes wird damit mehr Gewicht eingeräumt. In der GHS Overath müssen natürlich dazu die äußeren Voraussetzungen geschaffen werden; ein zweiter Computerraum muss fertiggestellt werden, um dem erhöhten Bedarf gerecht zu werden."

Overath, 08.04.2005 Dietmar Ley

Konrektor und Fachbereichsleiter Technik an der GHS Overath

Zusätzlich zu diesem Kommentar wurde ein Auswertungsgespräch mit Herrn Ley geführt, bei dem folgende Hinweise und Verbesserungsvorschläge unterbreitet worden sind:

Ergebnis des Auswertungsgespräches

Das Konzept für die Umsetzung wurde als schlüssig und umsetzbar bezeichnet. Es wurde im Gespräch entschieden, dass eine weitere Umsetzung im kommenden Schuljahr zunächst noch einmal als WPU-Gruppe, dann voraussichtlich ab dem kommenden Jahr im Regelunterricht stattfinden soll. Hauptgründe hierfür sind:

- Notwendige organisatorische Voraussetzungen wie Computerraum und Anzahl der zur Verfügung stehenden Technikstunden müssen vorher noch geschaffen werden. Es wird darauf abgezielt, den Technikunterricht in der Klasse 9 evtl. wieder ganzjährig durchzuführen. Hiermit wäre auch zeitlich der entsprechende Raum geschaffen.
- Es soll noch ein weiterer Durchlauf im Rahmen der WPU-Gruppe stattfinden, um die Planungssicherheit zu erhöhen und die Unterrichtsreihen zu festigen.

Auch vorher schon sollen kleinere Unterrichtsreihen hieraus schon in einer regulären Technikgruppe der Klasse 9 probehalber eingeflochten werden, zum Beispiel angekoppelt an das Thema Relaissteuerungen.

5 Ausblick auf die spätere Unterrichtsreihe

5.1 Planung der vorgesehenen Unterrichtsreihe

Ein Ziel dieser Hausarbeit ist es, den ersten Entwurf einer Unterrichtsreihe zu beschreiben, welche das Thema „Steuerung und Robotik“ für den regulären Technikunterricht in der Klasse 9 zugänglich macht. Ansatzpunkt hierfür sind die auch bislang schon im Standortplan vorhandenen Unterrichtsreihen „Wir steuern mit dem Relais – Vom Handschalter zur Blinkschaltung“ sowie „Wir entwickeln und erproben Ampelprogramme“. Bislang werden diese mit konventioneller Technik, also Relais und selber hergestellten Walzenschaltwerken umgesetzt. Die Integration der Computertechnik führt zu einer neuen Planung der beiden Unterrichtsreihen. Hier ist allerdings zu berücksichtigen, dass neben dem technischen Zeichnen und einem Fertigungsprojekt (Summe ca. 10 Wochen) bei einem Budget von ca. 20 Wochen je Halbjahr nur ca. 10 Wochen für das Thema Steuerungstechnik verfügbar sind. Da mit dem Computer zusätzliche Inhalte in die beiden Reihen integriert werden, muss an anderer Stelle gekürzt werden. Es bietet sich hier an, die Details der Relaistechnik (verschiedene Relaisschaltungen) zu Gunsten der Computersteuerungen zu reduzieren.

Die Übersicht zeigt nachfolgend eine mögliche Unterrichtsreihe „Steuerung und Robotik“ für den Technikunterricht Klasse 9.

Nr.	Thema der Unterrichtseinheit	Wichtigste Lernziele	Wochen
1	Einführungsstunde: Was ist Steuerungstechnik	Die S. kennen die Aufgabe der Steuerungstechnik und beispielhafte Anwendungen hierzu	1
2	Relais und deren Anwendung mit verschiedenen Fertigungsaufgaben zu Relaisschaltung (Lehrgang und Fertigungsaufgaben)	Die S. lernen die Aufgabe und Anwendung des Relais zu Steuerungsaufgaben kennen Die S. realisieren selber einige Steuerungsaufgaben mit dem Relais auf einem Versuchsbrett	3
3	Was ist eigentlich Robotik? (Eine Erkundung im Internet)[18]	Die S. lernen Begriffe und Anwendungen aus dem Bereich der Robotik kennen. Die S. werden für das Thema motiviert und entwickeln eine Vorstellung hierzu	1
4	Steuern mit dem Computer, wie geht das? (Lehrgang)	Die S. machen erste Erfahrungen mit der Steuerung eines Systems durch den Computer Die S. lernen die hierzu verwendeten Baugruppen und die Regeln für den sachgerechten Umgang mit den Interfacebausteinen sowie den Computern kennen.	1
5	Wir konstruieren eine Ampelschaltung. (Leittextmethode, Erkundung, Lehrgang)	Die S. fertigen eine Ampelschaltung bestehend aus:	2

[18] Vgl.Unterricht Arbeit + Technik „Digitaltechnik“, Heft Nr. 21/2004, Friedrich Verlag (Seelze), S.22/23 bzw. RoboWelt: Westfälische Wilhelms-Universität Münster, Homepage: www.robowelt.de

Nr.	Thema der Unterrichtseinheit	Wichtigste Lernziele	Wochen
		• Ablaufplan der Ampel (Ermitteln im Rahmen einer Erkundung) • Modell der Ampel (Herstellung aus Fischertechnik Baukasten) • Interface-Anschluss (über Steckverbindungen) • Erstellung eines Programms mit RoboPro Überfachlich: Die S. verbessern ihre Kompetenzen in der Partnerarbeit im Bereich des selbständigen Arbeitens	
6	Ein Robotik-Projekt nach Wahl	Fachlich: Die S. konstruieren und programmieren ein einfaches Steuerungssystem z.B. für eine Fahrzeuglenkung mittels Fischertechnik. Überfachlich: Die S. verbessern ihre Kompetenzen im Bereich der Teamarbeit und des selbständigen Arbeitens	Min. 3

Die Detailplanung der einzelnen Unterrichtsstunden der Reihe würde den Rahmen dieser Arbeit sprengen und ist daher nicht enthalten.

Die Themenwahl für diese Unterrichtsreihe sollte aber, und das hat auch die Evaluation der WPU-Gruppe gezeigt, nochmals daraufhin überprüft werden, welche Vereinfachungsmöglichkeiten sich bei den zu realisierenden Aufgaben für die Schüler bieten. Denn nicht alles, was im Rahmen einer WPU-Gruppe durchführbar ist, ist so auch auf eine reguläre Technikgruppe mit ihren entsprechenden Einschränkungen anzuwenden. So wäre es zum Beispiel möglich, die folgenden Projekte mit relativ einfacherem Anspruch umzusetzen:

- Lichtanlagen steuern (Lauflicht, Umschaltungen)
- Zähler aufbauen (z.B. für Anzahl Personen, welche den Technikraum betreten)
- Alarmanlagen über Computer steuern
- Styroporschneider

Die Betrachtung dieser Vereinfachung wird Gegenstand der zweiten Durchführung der WPU-Gruppe im kommenden Jahr sein.

5.2 Zu schaffende Rahmenbedingungen

Für die Etablierung der Unterrichtsreihe in den Regelbetrieb müssen einige Voraussetzungen geschaffen werden. Es handelt sich bei der Klasse 9 in der Regel um eine 4 zügige Jahrgangsstufe, wobei der Technikunterricht mit geteilten Klassen im Halbjahreswechsel mit dem Fach Arbeitslehre/Hauswirtschaft stattfindet..

5.2.1 Räumlichkeiten

Wir bereits für die Organisation der WPU-Gruppe ausgeführt, sollte auch die Unterrichtsreihe teils im Technikraum, teils im Computerraum durchgeführt werden. Das heißt, es wird eine höhere Anforderung an die Verfügbarkeit der Räume gestellt. Dies muss bei der Stundenplangestaltung berücksichtigt werden.

Die Unterrichtseinheiten 1 und 2, welche sich mit der konventionellen Relaistechnik befassen, sollten im Technikraum stattfinden. Hier ist das notwendige Material und Werkzeug verfügbar, um die Schaltungen von jedem einzelnen Schüler aufbauen zu lassen.

Für die restlichen Unterrichtseinheiten ist die Nutzung des Computerraumes notwendig, da mindestens ein Rechner für jeweils zwei Schüler verfügbar sein sollte.

5.2.2 Material

Derzeit sind, bedingt durch den laufenden WPU Kurs, an unserer Schule 10 Interface-Einheiten sowie eine doppelt so hohe Zahl an Rechnern im Computerraum verfügbar. Es ist eine hinreichende Zahl von Fischertechnik-UT3 und UT4 Baukästen vorhanden, so dass mit einer Gruppe sinnvoll gearbeitet werden kann. Bedingt hierdurch kann aber nicht mehr als eine Gruppe zu einer Zeit das System benutzen.

Da zumindest für die Unterrichtseinheit 6 (Robotik Projekt nach Wahl) über ca. drei Doppelstunden die Baukästen verwendet werden müssen, die Zeit einer Doppelstunde aber nicht für den Auf- und Abbau des Modells reicht, müssen die Modelle einer Technikgruppe für die Dauer dieser Unterrichtseinheit bestehen bleiben. Hier sind zwei Maßnahmen erforderlich:

- Planung der Technikstunden Klasse 9 so, dass hier keine Überschneidung auftritt
- Verwendung eines Organisationssystems, um die aufgebauten Modelle für die Dauer des Projektes zu verwahren. Hier haben sich Stapelkästen (einer je Gruppe und Modell) bewährt, welche dann an einem nicht für Schüler zugänglichen Ort aufbewahrt werden.

5.2.3 Lehrerausbildung

Da mit der Steuerung von technischen Systemen an der Schule Neuland betreten wird, muss für eine erfolgreiche Umsetzung auch die Weiterbildung der Lehrer berücksichtigt werden. Unterrichtet wird die Jahrgangsstufe von durchschnittlich 2-3 Techniklehrern, so dass hier von 3 Kollegen ausgegangen wird, die in die Thematik eingearbeitet werden müssen.

Da die verfügbaren Systeme (Lego, Fischertechnik) sehr unterschiedlich arbeiten, in unserem Falle Fischertechnik RoboPro, sollte die Einarbeitung auch an der Schule selbst und in eigener Regie stattfinden.

Die Einarbeitung wird allerdings erheblich durch den Umstand erleichtert, dass die Interface-Software, mit welcher die Anwendungsprogramme zur Steuerung der Modelle programmiert werden, sehr leicht und intuitiv zu bedienen ist. Sie ist fehlertolerant und erschließt sich nahezu von selber.

6 Schlussbetrachtung

Zu Beginn des aktuellen Schuljahres wurde das Unterrichtsvorhaben „Steuern mit dem Computer“ mit dem Ziel gestartet, in unserer Schule, deren Technikbereich sicher schon gut ausgebaut ist, noch ein kleines Stück mehr „High-Tech“ zu etablieren. Ich wollte aufzeigen, dass auch Hauptschüler in der Lage sind, bei entsprechender Motivation, Unterstützung und Anleitung ein Stück weit konzeptionell und kreativ zu arbeiten und komplexere Materie zu durchdringen.

Mit dem Erfahrungshintergrund von jetzt ca. 8 Monaten Laufzeit des Unterrichts und einer Evaluation lässt sich festhalten, dass ein großer Teil dieses Ziels als erreicht bezeichnet werden kann. Der bisherige WPU Unterricht hat inhaltlich die Ziele weitgehend erreicht. Die Schüler haben den Unterricht positiv bewertet, und die Konzeption wurde von meinem Technik Fachbereichsleiter und Konrektor an unserer Schule als umsetzbar anerkannt. Sie soll (siehe 4.3 „Kommentar des Fachbereichsleiters Technik“) im kommenden Jahr fortgesetzt werden und möglichst danach in den regulären Technikunterricht übernommen werden.

Zu behaupten, dass dieses Unterfangen reibungslos funktioniert hat, wäre weit übertrieben. Es war schwer, die Schüler aus den unterschiedlichen Klassen und mit völlig unterschiedlichen Wissensständen und Arbeitseinstellungen zu Beginn des Kurses in Projektteams zu integrieren. Hier wäre, rückblickend eine noch konsequentere Führung der Projektteams durch mich notwendig gewesen, um fachlich genauere Ergebnisse zu erreichen und eine stärkere Anlehnung an die Berufswelt zu erzielen.

Die Arbeitsform „leittextgestützes Lernen“ hat sich als sehr hilfreich gerade in den Phasen herausgestellt, in denen die Programmiertechnik gelernt wurde. Beim ihrem Einsatz hat sich auch hier ein Verbesserungsbedarf gezeigt: Dieser Phase wäre eine noch umfassendere Vorbereitung zu Gute gekommen. Arbeitsblätter und Leittexte könnten schon für mehrere Wochen im Voraus vorliegen; dann kann wesentlich flexibler auf Differenzierungsbedarf und äußere Einflüsse reagiert werden. Hier ist enormes Potenzial für Synergieeffekte vorhanden, wenn Kollegen innerhalb einer Schule, aber sogar auch schulübergreifend dieses Material gemeinsam nutzen. Eine sehr gute technische Basis für dieses Vorhaben bietet das Lo-Net (Lehrer Online[19]), welches seit Kurzem als Plattform für den Austausch von Unterrichtsmaterial und Ergebnissen innerhalb einer Klasse, Schule, aber auch schulübergreifend zur Verfügung steht. Ich habe dieses System in den letzten Wochen in der WPU-Gruppe genutzt und festgestellt, dass es auch von den Schülern gerade in einer computer-orientierten Unterrichtsreihe gut angenommen worden ist. Hier sollten Arbeitsblätter, Anweisungen usw. gesammelt und für andere Klassen verfügbar gemacht werden.

Persönlich kann ich sagen, dem Ziel näher gekommen zu sein, einen kleinen Teil des berufsbedingt bei mir vorhandenen Wissens über Computersteuerungen, aber auch Arbeitsformen in der Wirtschaft an die Schüler weiterzugeben, und die Fortführung dessen auch im kommenden Schuljahr gesichert zu haben. Die eingangs erwarteten Schwierigkeiten sind eingetreten: Die Notwendigkeit der Schaffung eines Zugangs für die Schüler, Differenzierung und Reduktion der Inhalte aber auch die Organisatorischen Probleme haben sich auch in der Praxis als genau die kritischen Erfolgsfaktoren herausgestellt. Wenn aber Wege genutzt werden, diesen Schwierigkeiten durch Wahl der Arbeitsformen, durch Motivation und Schaffung einer guten Lernatmosphäre entgegenzusteuern, ist die Etablierung einer solchen Unterrichtsreihe „Steuern mit dem Computer“ eine absolut lohnenswerte, nach meiner Meinung sogar notwendige Einrichtung an einer „Hauptschule von heute“.

[19] Plattform Lo-Net bei Lehrer-Online: Homepage: www.lo-net.de (eine Initiative des Bundesministeriums für Bildung und der Telekom AG)

7 Anhang

7.1 Literatur

Hüttner: Technikunterrichten, Haan-Gruiten (Europa-Lehrmittel) 2002

Wolfgang Mattes: Methoden für den Unterricht, Paderborn (Schöningh) 2002

Kultusminister NRW: Richtlinien Technik, Lernbereich Arbeitslehre – Hauptschule. Düsseldorf 1989

Schmayl/Wilkening: Unterrichtsmodelle – Technikunterricht, Bad Heilbrunn (Klinkhardt) 1995

Projekt Roberta des Fraunhofer Instituts – Homepage: http://alex.ais.fraunhofer.de/zeno/web?action=content&rootid=15465 Wissenschaftliche Begleitung durch die Uni-Bremen – Homepage : http://didaktik.physik.uni-bremen.de/niedderer/roberta/

Pfanzagl: Allgemeine Methodenlehre der Statistik I, Sammlung Göschen (Berlin) 1978

Infobroschüre der Evaluation „MARKUS" des Landes Rheinland-Pfalz, (Koblenz) 2000 Homepage: www.lars-balzer.info/projects/markus/MARKUS_Infobroschuere.pdf

Unterricht Arbeit + Technik „Mobile Roboter", Heft Nr. 20/2003, Friedrich Verlag (Seelze)

Unterricht Arbeit + Technik „Digitaltechnik", Heft Nr. 21/2004, Friedrich Verlag (Seelze)

RoboWelt: Westfälische Wilhelms-Universität Münster, Homepage: www.robowelt.de

Ausbildungsunterlage der Firma Siemens „Ausbildungsunterlage für die durchgängige Automatisierungslösung – Totally integrated Automation – Kurs Schrittkettenprogrammierung mit S7-Graph", 2002

Plattform Lo-Net bei Lehrer-Online: Homepage: www.lo-net.de (eine Initiative des Bundesministeriums für Bildung und der Telekom AG)

RoboPro-Software zur Steuerung von Interfaces der Firma Fischertechnik, als Schullizenz erhältlich bei Fischertechnik, D-72178 Waldachtal im Vertrieb über die Firma Knobloch Electronic (www.knobloch-gmbh.de)

7.2 *Marktübersicht Computerinterfaces für Schulen*

Nr.	System	Lieferant	Schnittstellen	Programmierung	Treiber	Vorteile	Nachteile	Preis / Stück	Bemerkung
1	Fischertechnik Robo-Interface	(www.knobloch-gmbh.de)	USB	Guter Support für alle gängigen Hochsprachen Und Software „Robo Pro“	(www.ftcomputing.de)	Sehr umfangreiche Treiberunterstützung „Active Mode“ möglich		149,95€	Autonomer Betrieb möglich Robo Pro Software Schullizenz hierzu 99,95€
2	LEGO RCX-Brick (Mindstorms)	LPE	USB	RCX Code oder Robo-Lab Software	Spirit.OCX für VB und Delphi	Weit verbreitet, Sehr umfangreiche Funktionen	Stark an die Verwendung von LEGO Mindstorm gebunden)	136,00€ (nur Baustein!)	Autonomer und direkter Betrieb möglich (Prospekt angefordert)
3	Multiface	Knobloch (www.knobloch-gmbh.de)	Parallel	Software-Treiber für DOS Sprachen, GW-Basic, Turbo Pascal WIN, VB?	VB ??	Kann für Fischertechnik auch verwendet werden. Ausgänge belastbar	Treibersoftware?	299,00 €	Einfachere und preisgünstiger Platinenversion in Arbeit. (Prospekt angefordert) Macht einen soliden Eindruck
4	CompuLAB Interface	Modul-bus www.modul-bus.de	seriell oder USB bei neuen Modellen	Eigene Umgebung DoIT für ganz einfache Messungen. Programmierung mit jeder Hochsprache möglich	DLL, OCX f. VB noch nicht gefunden! Soll aber verfügbar sein	Erfahrung vorhanden, sehr kompakt	Schwierige LowLevel Programmierung -> Vorbereitungsaufwand, Last-Ausgänge nur über Zusatzmodul	90,00€ +69,00€ =159,00€	Ein Exemplar in der Schule vorhanden (Nur in Verbindung mit der „Power Box“ für Steuerungen einsetzbar wg. Belastbarkeit.
5	Phantom II Leonardo E-1	www.technik-lpe.de					Keine Infos über Preise und Bezug gefunden	n.a.	Bei LPE nicht gefunden – Vertrieb nur direkt US oder über NL Firma
6	Economatics SmartBox	Economatics Education (GB)			Klasse FishSmartBox von ftComputing		Keine Infos über Preise und Bezug gefunden	??	Nur bei Economatics selber fündig geworden. Info angefordert (GB)
7	OKTO-BUS	Learnware		Treibersoftware nur DOS, Windows (Prospekt, aber nicht lieferbar ??!)	DOS, Win 3.11 !!		Keine Treibersoftware gefunden – Sehr komplex	310,00€	Schrittmotorunterstützung – Sehr umfangreiche Ausstattung (Kurzschlussfest bis 2A !)

Anm.: Die Markterhebung wurde von mir in 2004 nach Internetrecherchen und Anfragen bei den Lieferanten durchgeführt und erhebt keinen Anspruch auf Vollständigkeit

---Anhang---

7.3 Beispiele für Aufgabenliste in der Projektphase

WPU Technik/Informatik Datum 23.9.2004	Bau einer Ampelanlage	GHS Overath Klasse: Name:

Projektziel und Aufgabenverteilung

Ziel unseres Projektes (Ampelanlage) ist es, in zweifache Ausfertigun eine computergesteuen Ampel zun%ch mit 2 Ampeln f.r eine Strafenkreuzung herzustellen. Dazu geh"rt die Ampel, die Schnittstell zum Computer sowie das Computerprogram zur Steuerung

Folgende Aufgaben sind zum Start zu erledigen

Jeder/Alle

- ***Besprechung der Aufgaben***
- ***Musteranwendun ÑGreifarn ansehen***
- ***Mappe vervollst%ndig und Blockschaltbi (HA) dort ablegen***
- ***Teams 1-3 einteilen F.r den Start des Bauprojekte werden Gruppen mit 3 verschiedenen Aufgabenliste eingeteilt***

Team 1 (Konstruktion)

- Planung und Bau von zwei Ampeln ***mit Stativ und Geh%use 3 Lampen und Anschlussklemme (Ampel muss wartbar sein ñ Das heift durch Schrauben z.B. an der R.ckseite zu "ffnen sein.)***
  - ***Bauplan erstellen***
  - ***Materialliste erstellen***
  - ***Prototyp herstellen***
    - ***Holz zuschneiden***
    - ***L"cher f. Lampen schneiden***
    - ***Zusammenbau***

Team 2 (Elektrotechnik/Elektronik)

- Bau der Interface Einheit
  - ***Konstruktionspl. (Lageplan der Bauteile erstellen***
  - ***Materialliste erstellen***
  - ***Schaltbild erstellen (F.r das Gesamtsystem***
  - ***Grundbret mit Anschl.ssen herstellen***
  - ***2. Platine mit Signalverst%rk nachbauen***
  - ***Relais Baugruppe aufbauen***

Team 3 (Computerprogrammierung)

- ***Arbeitsplat f.r Test im Technikraum einrichten***
  - ***Tisch umstellen***
  - ***Schraubst"cke vom Tisch abmontieren***
  - ***Compute aufstellen und testen***
  - ***Vorhanden Anwendun (Greifarm ausprobieren***
  - ***Probieren der zweiten Schnittstell Compulal mit Testprogramm***

AT9WPU-E1 Aufgaben(Arbeitsblatt).d ***Seite 1 von 1***

7.4 *Flussdiagramm des Programms für eine Ampelschaltung mit RoboPro*

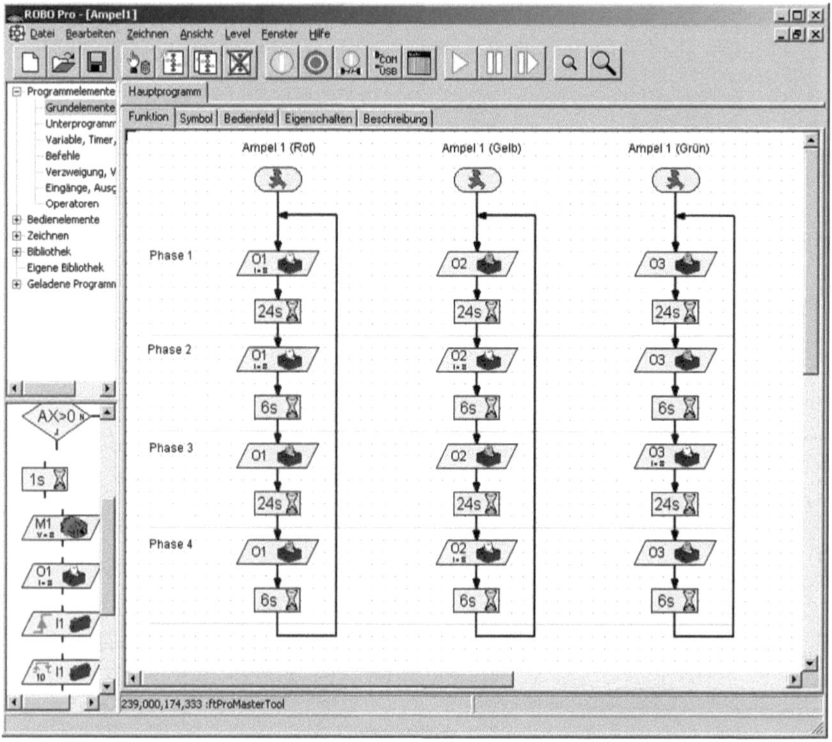

Dieser Bildschirmausdruck zeigt eine Möglichkeit, die Ampelschaltung zu realisieren. Flussdiagramm und Programm sind in diesem Programmiersystem identisch.

---Anhang---

7.5 *Beispiele für Arbeitsblätter zum leittextgestützten Lernen*

WPU Technik/Informatik Datum 08.03.2005	Aufgabe: Programmierung einer Ampelsteuerung	GHS Overath Klasse: Name:

I. Aufgabenstellung

a.) Konstruktion

Baue aus dem Kasten Fischertechnik UT3/4 eine Ampelanlage mit 2 Ampeln auf. Sie sollen die beiden Achsen einer Straßenkreuzung regeln.

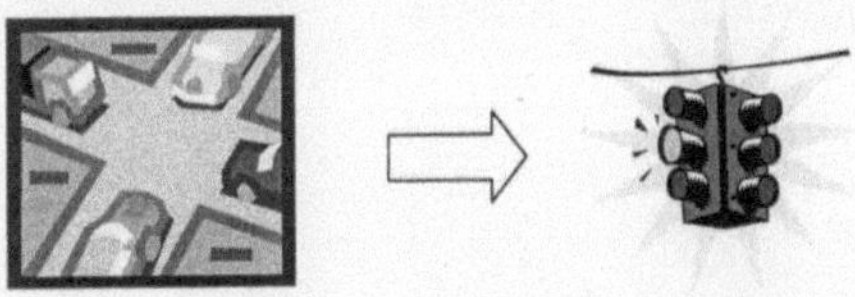

Teste deine Konstruktion, in dem du sie mit der Funktion „Interface testen" der Software ausprobierst.

b.) Planung der Ampelphasen

Überlege dir und zeichne einen Plan, der die Abfolge der Ampelphasen wiedergibt. Orientiere dich dabei am Ablauf auf dem Arbeitsblatt „Ampelphasen". Du kannst auch das Arbeitsblatt einfach ausfüllen.

c.) Erstelle ein Programm

Erstelle ein Programm mit dem System RoboPro, welches die Ampeln ansteuern kann. Als Hilfe benutze das Musterprogramm „Ampel1.rpp", welches du in folgendem Verzeichnis finden kannst. Dieses Programm funktioniert für eine (rote) Lampe in einer Ampel. Es muss noch so erweitert werden, dass es mit allen drei Lampen in beiden Ampeln funktioniert.

Teste dein Programm schrittweise, also jedes Mal, wenn du einen Funktionsblock fertig gestellt hast.

AT9WPU-E11 RoBoAmpel1(Arbeitsblatt) Seite 1 von 3

WPU Technik/Informatik Datum 08.03.2005	Aufgabe: Programmierung einer Ampelsteuerung	GHS Overath Klasse: Name:

II. Leitfragen und Hinweise

Fragen: Die Fragen können dir bei der Lösung der Aufgaben helfen. Beantworte sie dir jeweils und schreibe die richtige Antwort darunter, bevor du mit der eigentlichen Lösung der Aufgabe anfängst.

Hinweise: Die Hinweise helfen dir, die jeweilige Aufgabe zu lösen. Schau sie dir noch einmal genau an, wenn du nicht weiterkommst. Dann erst frage einen Mitschüler, und zum Schluss erst den Lehrer.

a.) Leitfragen zur Konstruktion

Wie viele Ampeln benötigst du insgesamt?

2

Wie viele Lampen benötigst du je Ampel?

je 3.

Welche Ausgänge und Anschlüsse im Interface benötigst du für die Ampeln?

M1-M3

Wie viele Ausgänge im Interface benötigst du je Ampel und insgesamt?

3

Wie viele Anschlusskabel benötigst du für jede Lampe?

18

Wo wird jede einzelne Lampe mit + und – Pol angeschlossen?

ist egal

Wie kannst du die Funktion deiner Anschlüsse überprüfen?

auf "Test"

b.) Leitfragen zur Planung der Ampelphasen

Was ist eine Ampelphase?

grün - grün/gelb - rot - gelb.

Wie viele Lampen musst du in jeder Ampelphase ansteuern, damit eine Ampel komplett funktioniert?

3 und bei einer Kreuzung 6.

Wie lange dauert eine jede Phase bei der Ampel? Achtung: Die Phasen dauern nicht alle gleich lange!

grün 3 sec ; gelb 1 sec ; rot 3 sec ; gelb 1 sec ;

Welche Farbe der Lampe ist bei der Ampel oben? Welche ist unten?

↑ rot ↓ grün

Hinweis: Beachte auch das Arbeitsblatt und löse es!

AT9WPU-E11 RoBoAmpel1(Arbeitsblatt) Seite 2 von 3

---Anhang---

WPU Technik/Informatik Datum 08.03.2005	Aufgabe: Programmierung einer Ampelsteuerung	GHS Overath Klasse: Name:

c.) Leitfragen und Hinweise zur Programmierung

Welche Software verwendest du für die Programmierung und Ansteuerung der Ampel?

Wie muss das Interface an den Computer angeschlossen werden? Welche Schnittstelle wird verwendet?

Hinweise:

Wo finde ich das Musterprogramm für die Ampel?

(All-User auf d-server) U:\Nur Lesen für Schüler\WPU-Technik\Muster\Ampel1.rpp

Wo speichere ich das Programm damit ich es auch ändern und wieder finden kann?

(PCxx auf d-server) P:\WPU-Technik\Ampel1-MaxMuster.rpp

Wo kannst du Hilfe für die Bedienung der Software RoboPro erhalten?

In der Online Hilfe von RoboPro über das Menü „Hilfe". bei Mitschülern, beim Lehrer

Womit kannst du prüfen, ob das Interface funktioniert, ohne ein Programm zu schreiben?

Welche Elemente aus der RoboPro Software benötigst du für die Ampelsteuerung?

Wie kannst du einstellen, wie ein Lampenausgang geschaltet werden muss, damit die Lampe an oder ausgeht?

III. Für ganz schnelle Programmierer

Wie kann die Ampel mit „Parametern" versehen werden, wie der Programmierer sagt? Das heißt, du musst einen Weg finden, wie die Dauer für die Ampelphasen einstellbar gemacht wird.

Verwende hierzu so genannte Variablen.

Lies im Handbuch nach, wie diese eingesetzt werden können.

AT9WPU-E11 RoBoAmpel1(Arbeitsblatt) Seite 3 von 3

---Anhang---

7.6 Beispiele aus der technischen Dokumentation der Schüler

Konstruktionsbeschreibung Ampel

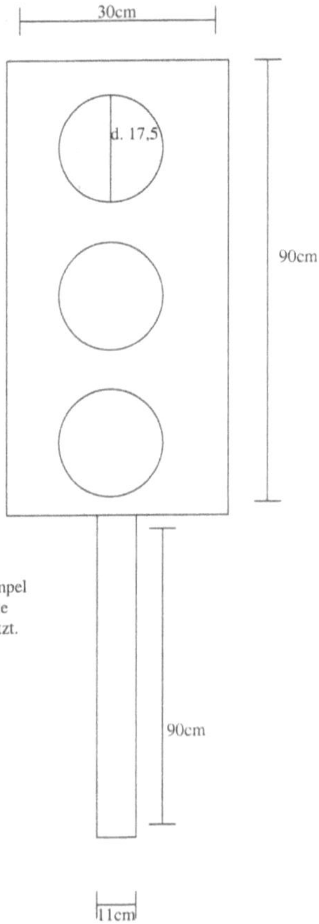

Für den Bau der Ampel haben wir 1cm dicke Tischlerplatte benutzt.

---Anhang---

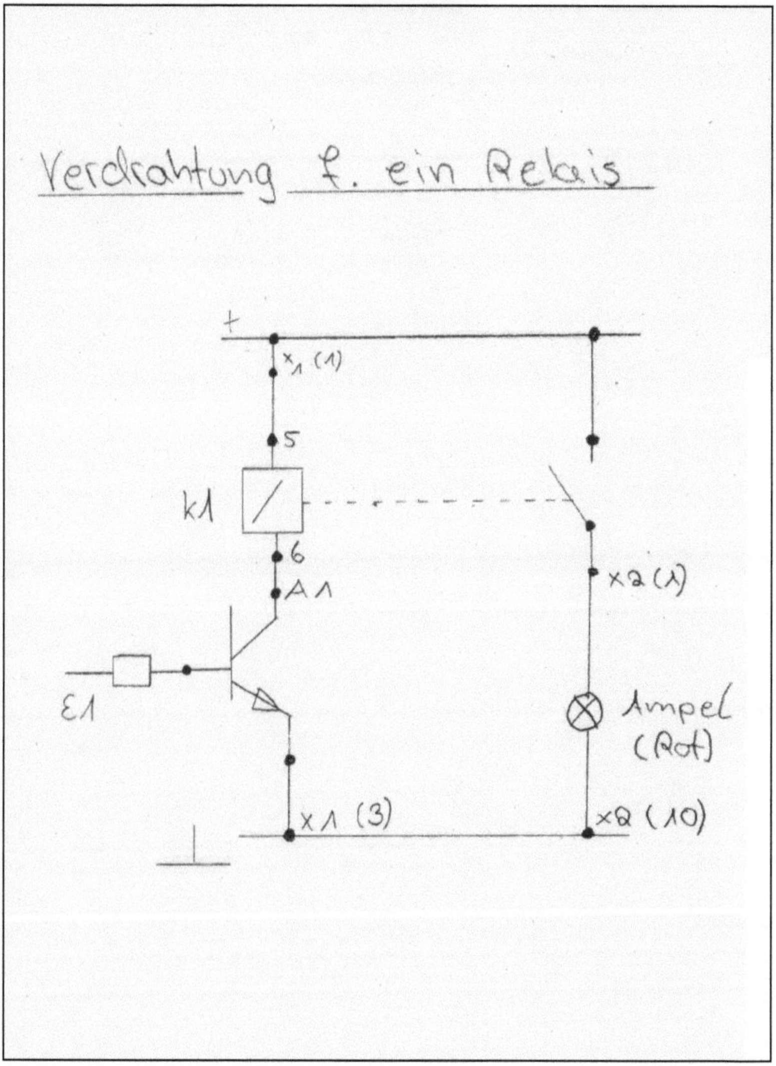
Verdrahtung f. ein Relais
+
x1 (1)
5
k1
6
A1
E1
x1 (3)
x2 (1)
Ampel
(Rot)
x2 (10)

---Anhang---

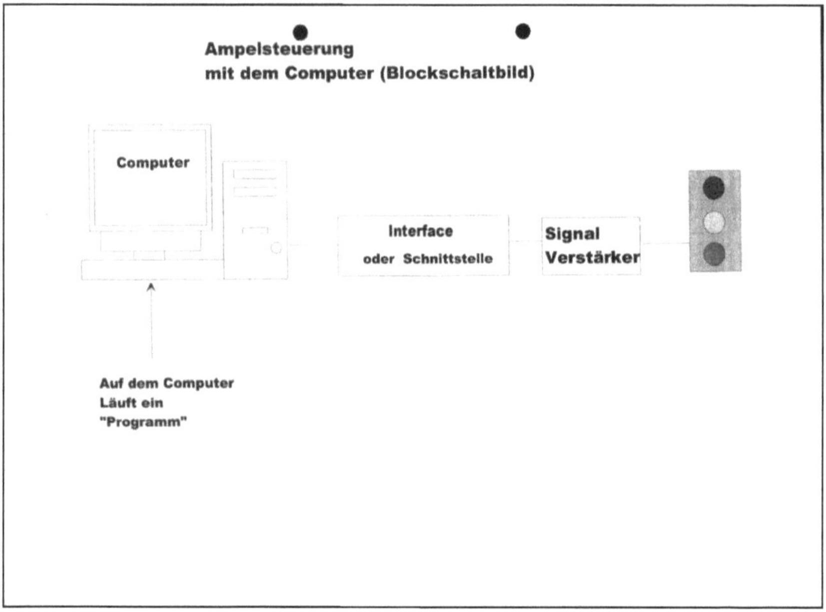
Ampelsteuerung
mit dem Computer (Blockschaltbild)
Computer
Interface
oder Schnittstelle
Signal
Verstärker
Auf dem Computer
Läuft ein
"Programm"

---Anhang---

Anhang: Fragebogen zur Evaluation

WPU Technik/Informatik - Deine Meinung ist gefragt!!

Damit der WPU Technik Unterricht in Zukunft noch verbessert werden kann, interessant und lehrreich bleibt, fülle bitte diesen Fragebogen aus.

1. Fandest du den Unterricht interessant oder langweilig?	O sehr langweilig	O langweilig	O geht so	O spannend	⊗ sehr spannend
2. Wie viel hast du gelernt?	O sehr wenig	O eher weniger	O mittel	⊗ viel	O sehr viel
3. Wie gut hast du den Stoff verstanden?	O überhaupt nicht	O eher nicht	O geht so	⊗ konnte ich verstehen	O alles verstanden
4. Wie war das Lerntempo für dich?	O viel zu schnell	O etwas zu schnell	O genau richtig	⊗ etwas zu langsam	O viel zu langsam
5. Wie hat der Lehrer erklärt?	O sehr schlecht	O schlecht	O mittel	O gut	⊗ sehr gut
6. Wie war die Lernatmosphäre?	O sehr schlecht	O schlecht	O mittel	⊗ gut	O sehr gut
7. Wie hast du selber mitgearbeitet?	O überhaupt nicht	O eher weniger	⊗ mittel	O viel	O sehr viel
8. Wie viel von dem hier gelernten wirst du später gebrauchen können?	O sehr wenig	O eher weniger	O mittel	O viel	⊗ sehr viel
Nun ein paar Fragen zu den Projekten:					
9. Wie hat euer Projektteam beim Bau der Ampel im Technikraum funktioniert?	O sehr schlecht	O schlecht	O mittel	⊗ gut	O super
10. Wie haben die Arbeitsblätter dir beim Lernen im Computerraum geholfen?	O sehr wenig	O eher weniger	⊗ mittel	O viel	O sehr viel
Und insgesamt?					
11. Wie hat dir der **WPU Unterricht** bisher **insgesamt** gefallen?	O unmöglich	O schlecht	O mittel	O gut	⊗ super

7.7 Versicherung

Ich versichere, dass ich die Arbeit selbstständig verfasst, keine anderen Quellen und Hilfsmittel als die angegebenen benutzt und Stellen der Arbeit, die anderen Werken dem Wortlaut oder dem Sinn nach entnommen sind, in jedem Fall unter Angabe der Quelle als Entlehnung deutlich gemacht habe. Das Gleiche gilt auch für die abgegebenen Zeichnungen, Kartenskizzen und Darstellungen.